750kV变电站
设计管理指导手册

国网新疆电力有限公司建设分公司 编

中国电力出版社
CHINA ELECTRIC POWER PRESS

图书在版编目（CIP）数据

750kV 变电站设计管理指导手册 / 国网新疆电力有限公司建设分公司编. —北京：中国电力出版社，2024.5

ISBN 978-7-5198-8689-9

Ⅰ. ①7… Ⅱ. ①国… Ⅲ. ①变电所–建筑工程–工程设计–手册 Ⅳ. ①TM63-62

中国国家版本馆 CIP 数据核字（2024）第 034834 号

出版发行：中国电力出版社
地　　址：北京市东城区北京站西街 19 号（邮政编码 100005）
网　　址：http://www.cepp.sgcc.com.cn
责任编辑：刘红强（010-63412520）
责任校对：黄　蓓　郝军燕
装帧设计：王红柳
责任印制：钱兴根

印　　刷：北京九天鸿程印刷有限责任公司
版　　次：2024 年 5 月第一版
印　　次：2024 年 5 月北京第一次印刷
开　　本：710 毫米×1000 毫米　16 开本
印　　张：11.5
字　　数：197 千字
定　　价：68.00 元

编 委 会

编 写 组

主　编　李　杨

副主编　张立明　徐玉波　唐　凯　张　杨　邵　海

成　员　史　海　伍建波　甘　星　李建彬　杜智锋
李　洋　李占春　张　俊　付翔月　程志刚
陈　鹏　付亚斌　秦蓉蓉　王　博　王生明
王晓盼　陈昱昕　赛尔达·阿布都　王　鑫
胡长悦

前言 Preface

设计管理是工程建设的重要纲领性内容，是实现项目功能、体现工程价值、满足使用需求的关键工作，设计质量直接决定工程质量和工程造价最重要的因素。

鉴于设计对整个工程项目的重要影响，为全面系统地开展好所辖变电站工程设计质量的管理工作，减少后期设计变更，国网新疆建设分公司认真研究已投运变电站的设计图纸，在总结以往工程中出现的问题，与运维单位多次沟通交流形成统一意见的基础上，依据国家电网有限公司、国网新疆电力有限公司各指导性文件，形成具有较强指导性的《750kV 变电站设计管理指导手册》，对变电站相关专业设计进行详细说明，作为设计院在方案制定、项目经理在管理中重要的文件依据。《750kV 变电站设计管理指导手册》对变电土建专业、变电一次专业、变电二次专业、变电通信专业的各设计方案及主要设备进行了详细说明并予以附图，对提高设计质量和设计管控具体较强的指导性。

受时间和水平限制，本书疏漏之处在所难免，望各位读者批评指正。

目录
Contents

第一章
变电土建专业

一、建筑物

（1）除主控通信楼、警传室、消防水泵房及雨淋阀间、生活水泵房等外，其他建筑均采用钢结构框架结构形式。

（2）根据《国家电网有限公司差异化规划设计导则》国网新疆电力补充条款，大风区、浮尘频发地区变电站主控楼、交直流配电装置室、继电器室、消防水泵房及雨淋阀间、警传室等重要建筑入口处应设置门斗（考虑防火门开启宽度），建筑物外窗应采用断桥铝合金双框双玻窗户，气候条件特别恶劣的地区，采用断桥铝合金双框四玻窗户。

（3）根据变电运维班标准化通则，变电站根据气候条件需设计车库，根据新疆交通及变电站距离实际情况，增加建设备品备件间及库房。

（4）警传室应设计有访客登记窗口。

（5）窗户开启方式为平开窗，开启方向考虑大风因素设置为向内开，并规定平开窗开启扇宽度不大于 600mm。

（6）屋面防水层顶部设置贴砖保护层，避免断裂现象。

（7）消防器材室建议采用成品钢结构房；消防小间内部需考虑通风和供暖。供暖一般采用电暖气加热，通风采用自然通风方式处理。

（8）抹灰、贴砖、外墙保温采用高聚合物砂浆，在一定程度上改善空鼓现象。

（9）建筑物框架结构设计避免有异形结构，方便施工。

（10）建筑物框架结构合理设计配筋，避免因钢筋过密，导致暗敷管材、混凝土流动性、振捣困难等问题。

（11）框架结构或砌体结构的外墙保温采用一体化保温板。

（12）考虑站区坡度，避免出现外标高高于内标高。

（13）雨篷采用轻型材料进行结构找坡，无组织排水。

（14）生活污水处理设施的设置应符合下列规定（水池、污水处理装置不宜设置在主控楼前地坪，远离主控楼，应设置在主控楼后侧，距离 15m 开外近围墙侧)。

1) 当处理站布置在建筑地下室时，应有专用隔间。

2) 设置生活污水处理设施的房间或地下室应有良好的通风系统，当处理构筑物为敞开式时，每小时换气次数不宜小于 15 次；当处理设施有盖板时，每小时换气次数不宜小于 8 次。

3) 生活污水处理间应设置除臭装置，其排放口位置应避免对周围人、畜、植物造成危害和影响。

4) 设计应考虑污水处理装置四周设置混凝土围挡，间距 700mm。

5) 设计应将污水处理装置操作部分（控制箱）设置在地上，考虑防冻措施，应便于操作和维护。

双框四玻

屋面贴砖保护层

一体化保温板

（一）装配式建筑物

根据变电站建筑物、构筑物特点，集成应用最新预制装配技术，进一步提高预制装配率及标准化程度，实现现场“零焊接、零叠装、零涂刷、少湿作业”，提高建设安全水平与建设效率。

本节内容未尽事宜，参照国家电网公司变电站模块化建设 2.0 新技术要求。

1. 建筑结构

（1）采用钢框架建筑物主体结构的框架梁与框架柱、主梁与次梁、围护结构的次檩条与主檩条（或龙骨）、围护结构与主体结构、雨篷挑梁与雨篷梁、雨篷梁与主体框架柱之间宜采用全螺栓连接。

（2）装配式建筑应由设计院考察新疆区域内预制件生产厂家的情况，建议使用新疆区域符合电力预制件标准及要求的生产厂家或生产厂家就地建厂房，以减少预制件运输困难、运输距离长、运输途中损坏件多、费用高等问题。

2. 外围护墙体

（1）应选用节能环保、经济合理的材料；应满足保温、隔热、防水、防火、强度及稳定性要求。

（2）墙板尺寸应根据建筑外形进行排版设计，减少墙板长度和宽度种类，在满足荷载及温度作用的前提下，结合生产、运输、安装等因素确定，避免现场裁剪、开洞；采用工业化生产的成品，减少现场叠装，避免现场涂刷，便于安装。

（3）外围护墙体开孔应提前在工厂完成，并做好切口保护，避免板中心开洞；洞口应采取收边、加设具有防水功能的泛水、涂密封胶等防水措施。建筑物转角处宜采用一体转角板。

（4） 外围护墙体应根据使用环境条件合理选用，采用一体化纤维水泥集成板等一体化墙板。

（5） 应根据使用条件合理选择墙体中间保温层材料及厚度。

（6） 外围护墙体用于防火墙时，应满足 3h 耐火极限。

3. 内隔墙

（1） 建筑内隔墙采用一体化纤维水泥集成墙板。

（2） 内隔墙排版应根据墙体立面尺寸划分，减少墙板长度和宽度种类。

4. 门窗

（1） 门窗尺寸应根据墙板规格进行设计，减少墙板的切割开洞，外窗尽量避免跨板布置。

（2） 蓄电池室窗采用磨砂玻璃。

（3） 继电器室等设备用房应减少建筑物外窗面积，外窗设置不开启窗。

（4） 当建筑物采用一体化墙板时，在满足密封、安全、防火、节能的前提下采用可拆卸式墙体，不设置设备运输大门。墙体大小应满足设备运输要求，并方便拆卸安装。

（5） 高寒地区的变电站在进行门窗设计时，应考虑门窗保温性能，以达到节能。

5. 管线敷设

采用暗敷时，线缆应穿管并敷设在不燃性结构内，且保护层厚度不应小于30mm。对具有预埋电气穿管的结构构件应进行标准化、模块化的设计，根据管线敷设路径预留敷设及操作空间。一体化纤维水泥集成墙板，室内管线应明敷。采用水平主槽盒加竖向分支槽盒的布置方式。水平主槽盒采用支架/托架苫丁与框架梁上，用于总线敷设；竖向分支槽盒沿柱和墙的拐角处敷设，固定在墙板上，用于线缆引下。墙面开关、灯具等设备尽量采用集中布置。线缆槽盒应采取防火保护措施。

装配式建筑（一）

装配式建筑（二）

（二）主控通信楼

（1）考虑安保维稳要求及结构安全性，主控通信楼采取传统钢筋混凝土框架结构，二层设置避难室。面积为 800m²，建筑结构设计使用年限为 50 年，结构类型为框架结构，建筑层数为二层，局部一层，建筑高度为 7.95m，局部 4.35m，火灾危险性分类为丁，建筑耐火等级为二级，气候分区为严寒 C 区。

（2）设计单位应对主控通信楼进行装修深化设计，对室内地砖地面、吊顶、卫生器具布置以及外墙保温一体板等的排版进行深化设计，从设计阶段就使之满足创优的相关要求；对空调管线、冷凝水管的走向、智能辅助系统的相关管线进行细化设计，符合创优的相关要求。

（3）室内插座、开关、网口、投影仪的位置应充分考虑运行人员（邀请运行人员参加图纸会审）的使用需求，一次性设计到位，避免二次返工。

（4）门厅、一层侧门采用钢质安全门，门宽为 1500mm，高为 2300mm；通信室计算机室、二层侧门采用钢制乙级防火门，门宽为 1500mm，高为 2300mm；通信蓄电池室、备餐间采用钢制乙级防火门，门宽为 1000mm，高为 2200mm；电缆竖井采用钢制丙级防火门，距地面 300mm 安装，门宽为 600mm，高为 1800mm；餐厅、值休室、会议室、油化验室、资料室、办公室、站长室、活动室采用木质模压门，门宽 1000mm，高 2200mm；卫生间、检修休息间采用木质模压门，门宽为800mm，高为2200mm；避难室采用钢质安全门，安全等级B级以上；主控制室靠阳台采用钢制乙级防火门，门宽为1000mm，高为2200mm，主控制室另一侧采用钢制乙级防火门，门宽为1500mm，高为2300mm。

（5）主控制室采用矿棉板吊顶，卫生间、盥洗间、备餐间采用铝扣板吊顶，其他房间采用白色无机涂料顶棚；吊顶距地面3m。

（6）通信蓄电池室采用耐酸地砖地面，计算机室采用防静电地砖地面，卫生间、盥洗间、备餐间及油化验室采用防滑地砖地面，其他房间采用地砖地面。

（7）卫生间、盥洗间、备餐间及油化验室不设踢脚板，其他房间设置踢脚板，高度120mm。

（8）消防救援窗宽高尺寸均为1500mm，开启扇宽为450mm，不可开启宽为1050mm。

（9）主控楼厨房应设计有直通楼顶的烟道，方便排油烟。

（10）主控楼前地坪不应设置较大高差，除正常排水坡度外，尽量保持水平地面，方便运维人员活动。

（11）避难室墙体厚度不少于240mm，不设置采光窗，设置通气窗，门采用双层防盗门。

（12）油化验室配置防爆灯具及防爆插头。

（13）卫生间采用磨砂玻璃。

防滑地砖

抗静电地砖

耐酸地砖

石棉板吊顶

门斗

二、构筑物

（一）围墙

（1）设计原则考虑预算造价，当造价有裕度的前提下优先装配式围墙，其他则采用砌体围墙（优先清水墙其次混水墙）。

（2）装配式围墙一是预制钢筋混凝土柱＋预制墙板围墙采用清水混凝土预制板（推荐厚度 80mm）或蒸压轻质加气混凝土板（推荐厚度 100mm）；围墙柱宜采用预制钢筋混凝土柱。预制钢筋混凝土柱采用工字形，截面尺寸不宜小于 250mm×250mm。二是型钢柱＋预制墙板围墙采用一体化纤维水泥集成板（推荐厚度 75mm）；围墙柱采用 H 形型钢柱，推荐截面尺寸为 200mm×200mm，通过预埋地脚螺栓固定。

（3）围墙顶部宜设预制压顶，同时考虑电子围栏、隔音屏障等预埋件。

（4）根据新疆安保维稳要求，砌体围墙墙厚不少于 24cm，砌体墙柱厚度不少于 37cm，高度不低于 2.5m。

装配式围墙（一）

装配式围墙（二）

（二）大门

（1）大门采用钢制全封闭大门高度不少于 2.4m；门体厚度不少于 10cm；钢板厚度≥2mm，双层，保证变电站内部的隐蔽性。

（2）大门应采用滑轨电动式，大门旁用于通行的小门采用钢板实体门，小门内侧设置推拉式门栓。在小门上设置小型观察孔，并在内部设置闭锁装置，便于变电站内部人员与站外人员的沟通、询问、登记。

（三）装配式防火墙

（1）防火墙宜采用现浇框架防火墙，根据主变压器（简称主变）构架柱根开和防火墙长度设置钢筋混凝土现浇柱，墙体材料采用清水混凝土预制板（推荐厚度 120mm）。

（2）防火墙墙体宜采用预制墙板，耐火极限不低于 3h。

（3）防火墙柱基础宜采用独立基础。

（4）防火墙柱模板背肋采用方管＋钢管的形式以增强刚性，不允许方木作肋。

（5）防火墙设计考虑远期扩建施工带电安全距离，尽量避免后期扩建施工出现陪停；如前期未上防火墙且安全距离不足情况下，考虑采用装配式框架防火墙，以缩短施工周期。

装配式防火墙

（四）构支架

（1）构架柱采用格构式结构，750kV 构架梁宜采用矩形格构式钢梁，220kV 构架梁宜采用三角形格构式钢梁；构件采用螺栓连接，梁柱连接宜采用铰接，构架柱与基础采用地脚螺栓连接。

（2）设备支架柱采用圆形钢管结构或格构式型钢结构（抗震、风速），支架横梁采用钢管或型钢横梁，圆形钢管支架与基础采用杯口二次灌浆方式，格构式支架与基础采用地脚螺栓连接。

（3）避雷针设计应统筹考虑站址环境条件、配电装置构架结构形式等，避雷针采用格构式结构。对严寒大风地区，避雷针钢材设计应满足材料冲击韧性的要求。

（4）新建变电站构架设计按照最终规模考虑设计。

（5）独立式钢管支架杆内部建议满灌混凝土（设计考虑风速、风压、重心等因素确定灌注高度）。

（6）全站构支架919喷涂在施工招标工程量清单中进行计列。

三角梁

矩形梁

格构式支架

（五）标准化小型预制构件

（1）雨水井及检查井井盖采用加强承重型复合材料；雨水井及检查井泛水采用素混凝土，四周加装不锈钢挡石栏。

（2）建筑物散水长度一般为600～1200mm（根据外墙尺寸），厚度不小于150mm，宽度应符合设计要求。

（3）围墙压顶采用钢筋混凝土，推荐标准尺寸为440mm×490mm×60/70mm

（长 × 宽 × 厚）。

（4）投光灯、视频监控基础统一尺寸。

（5）室外照明（投光灯）、监控、安防管线布置（考虑后期扩建道路下设置埋管）。

散水

散水切角

井盖

雨水箅

（六）灯具

（1）室内外灯具光源应选用高效节能 LED 灯。

（2）室外投光灯应采用“双头灯”并可上下左右调节，以便运维夜间使用。

（3）取消草坪灯。

投光灯（正面）

投光灯（背面）

（七）构架、设备基础

（1）GIS 设备基础采用筏板基础加上部孤岛式独立基础，减少基础露出地面面积，且经过验算满足强度、抗震、耐久性要求。

（2）66kV 干式电抗器、电容器基础采用筏板基础加上部孤岛式独立基础，素混凝土浇筑，混凝土加入适量抗裂纤维，不得使用钢纤维，严禁配置钢筋，避免形成环状回路，造成基础发热现象。

（3）构架、主变压器、高压并联电抗器等钢筋混凝土基础可分台浇筑，素混凝土应一次浇筑。

（4）散水、道路、广场、电缆沟采用 35mm；基础外露部分水平方向采用 25mm，垂直方向和水平方向半径保持一致的倒角线条；检查井采用 20mm 倒角抹子收边。

（5）设备基础预埋螺栓设计时应考虑支架垫板等厚度因素，确保最终螺栓外露尺寸保持一致。

（6）设备基础外露部分的模板采用清水混凝土模板。

（7）750kV 区新串上半串情况，支柱支架基础预埋螺栓应考虑后期扩建，避免出现后期扩建砸基础现象。

（8）设备基础规格尺寸、高度（考虑全站坡度）尽量保持一致，方便施工，避免资源浪费。

（9）主变压器、高压并联电抗器的中心与基础中心线重合。本体固定牢固可靠，主变压器固定方式采用型钢限位，高压并联电抗器、中性点小电抗器、站用变固定方式采用螺栓连接，需符合产品和设计要求。

GIS 基础

（八）巡视小道

（1）巡视小道、操作平台应与道路相连，操作平台大小应考虑操作站位时需求。

（2）巡视小道绝缘层采用沥青混凝土或碎石灌沥青＋混凝土＋花砖。

（3）绝缘地坪应因地制宜选择合适的材料。

巡视小道

（九）道路及场坪

（1）湿陷性黄土场地、具有溶陷性的盐渍土场地应采用城市型混凝土型道路（道路下部设置一道土工布；建议采用 3:7 灰土隔水垫层），无不良地质站区采用郊区混凝土型道路。

（2）站内外道路下部应设 300mm 水稳层。

（3）GIS 地坪应采用花砖；当 66kV 电抗器及电容器为低位布置，地坪应采用巡视小道+碎石。

（4）大面积的硬化场地应采用混凝土垫层、花砖面层，避免断裂。

（5）施工期间安全文明道路厚度 150mm，面层 200mm。

三、建筑物典型设计要求

（一）主控通信楼典型设计方案

1. 主要编制内容

（1）主要依据性的规程、规范如下。

《220kV～750kV 变电站设计技术规程》	DL/T 5218—2012
《330kV～750kV 智能变电站设计规范》	GB/T 51071—2014
《建筑照明设计标准》	GB 50034—2013
《发电厂和变电站照明设计技术规定》	DL/T 5390—2014
《电力工程直流系统设计技术规程》	DL/T 5044—2014
《变电站监控系统设计规程》	DL/T 5149—2020
《建筑设计防火规范（2018 年版）》	GB 50016—2014
《屋面工程技术规范》	GB 50345—2012
《火力发电厂与变电站设计防火标准》	GB 50229—2019

《建筑结构荷载规范》 GB 50009—2012

《变电站建筑结构设计技术规程》 DL/T 5457—2012

《建筑抗震设计规范（2016 年版）》 GB 50011—2010

《工业建筑供暖通风与空气调节设计规范》 GB 50019—2015

国家电网有限公司关于印发十八项电网重大反事故措施（修订版）（国家电网设备〔2018〕979 号）

中华人民共和国《工程建设标准强制性条文》（电力工程部分 2016 年版）

（2）适用范围：新疆区域内 750kV 新建变电站主控楼。

（3）设计范围及边界。750kV 变电站主控楼典型设计方案是设计范围包括：主控楼的建筑、结构、暖通、电气一次、电气二次、通信等设计工作。

1）建筑范围及边界。建筑部分施工图，包括建筑布置、墙体、屋面防水、排水、门窗及建筑普通内外装修等设计内容。不含精细装修、门斗大样、保温一体板排版图等需厂家二次设计部分图纸。

2）结构范围及边界。结构设计只涉及基础以上结构部分及建筑外墙以内的沟道布置。地基处理等不列入设计范围。

3）暖通范围及边界。主控楼内的采暖、通风、空调设计。

4）电气一次范围及边界。本书内容主要包含主控楼户内照明及动力插座设计，设计接口为动力柜进线处，动力柜进线电缆由站用电卷册开列，动力柜及以下负荷设计开列于本卷册。

5）电气二次范围及边界。主控楼计算机室屏位布置等。

6）通信范围及边界。主控楼内的电话与网络埋管布线。

（4）设计深度。

按照《变电工程施工图设计内容深度规定》（DL/T 5458—2012）相关深度要求开展工作。

（5）假定外部环境如下。

1）海拔：1000m 以下。

2）环境温度：－30～＋40℃。

3）最热月平均最高温度：35℃。

4）设计风速：30m/s（50 年一遇 10m 高 10min 平均最大风速）。

5）设计基本地震加速度：0.10g。

6）地基：地基承载力特征值 f_{ak} = 250kPa，地下水无影响。地基土对基础混凝土及混凝土中钢筋均为中等腐蚀。

（6）主要设计内容。

依据国家电网公司变电站通用设计成果，考虑新疆区域特点以及环境、运行习惯等因素，编制了 750kV 变电站主控楼典型设计方案，形成图纸及说明 36 张，其中电气一次 11 张、电气二次 1 张，建筑 7 张、土建结构 10 张、暖通 4 张、通信 3 张。图纸深度达到施工图深度。图纸编号为：XJ－750－ZKL－××××（各专业卷册编号）。

1）建筑部分。

主控楼建筑面积为 800m^2，建筑结构设计使用年限为 50 年，结构类型为框架结构，建筑层数为二层，局部一层，建筑高度为 7.950m，局部 4.350m，火灾危险性分类为丁，建筑耐火等级为二级，气候分区为严寒 C 区。

建筑部分施工图，包括建筑布置、墙体、屋面防水、排水、门窗及建筑普通内外装修等设计内容。建筑施工配合结构、电气、暖通、水工等各相关专业图纸协调进行。

2） 结构部分。

主控楼结构采用钢筋混凝土框架结构，结构安全等级为一级，结构重要性系数取 1.1。抗震设防烈度为 7 度，0.1g，按 8 度采取抗震构造措施。

3） 暖通部分。

a. 采暖。

主控楼内各房间根据要求设采暖设施，采暖设备采用温控型电暖器，电暖器可根据房间的工艺要求及有无值班人休息等情况设定温度，自行调节。

b. 通风。

蓄电池室设事故排风，采用防火防沙型百叶自然进风、轴流风机机械排风的通风方式，通风换气次数按 12 次/h 计算，机械排风采用防腐防爆型轴流风机。蓄电池室设置轴流风机与百叶窗，交直流配电室、35kV 配电装置室设置轴流风机，其他房间均不设轴流风机及百叶窗。

卫生间设置机械通风设施，通风换气湿次数不小于 10 次/h。通风设备选用天花板管道式换气扇，用于消除室内的余热、异味。

备餐间设排油烟机。

c. 空调。

计算机室、主控室采用基站专用风冷空调制冷，此空调可实现远距离监测，远距离控制，在发生故障时，可实现自动报警，更加契合了现在智能化、无人变电站的设计方向。

为满足设备运行要求蓄电池室设防腐防爆型空调器。

值班室、休息室、资料室等有人房间设置冷暖分体壁挂式空调，以满足值班人员的需要。

d. 防火联动控制。

通风空调系统防火联动控制由消防监控系统完成。在所有设有火灾监控系统的房间，空调设备及风机均应与监控系统联锁。当房间内发生火灾时，由消防控制盘发出消防报警信号，自动关闭房间内的空调、风机设备的电源。

4） 电气一次部分。

主控楼设置正常工作照明和应急照明。正常工作照明采用 380V/220V 三相五线制；应急照明除满足事故时照明需要外，平时可兼做正常照明。主控楼设置照明切换屏一面，共输入 2 回交流电和 1 回直流应急电源，正常情况下工作照明和应急照明均由交流电供电，当交流电断电后，仅应急照明经互投装置自动切换至由直流经逆变器供电，保证应急照明不间断供电。当交流电电压恢复时，工作照明和应急照明自动恢复至交流电供电。

主控楼采用 LED 作为正常照明，灯具的配置和安装数量尽量与建筑装饰相配合，并避免眩光。主控楼走廊及疏散口设置应急疏散指示灯。

5） 电气二次部分。

站控层后台主机、打印机等设备布置于主控楼计算机室。计算机室的房间面积大小根据全站最终规模考虑。主变消防主机及火灾报警主机布置于主控楼一层控制室。

6） 通信部分。主控楼内的电话与网络埋管布线。

2. 其他

（1） 该典型设计方案适用于国网新疆建设分公司建设管理 750kV 新建变电站工程，各中标设计单位应严格执行相关设计统一技术要求，如部分条款与工程实际情况无法匹配或相关技术条款更新，统一技术要求无法执行时应及时向业主项目部反馈具体事项，建设管理单位同意后方可修改。

（2） 严禁参建设计单位擅自将该典型设计方案用于国网新疆建设分公司所辖以外其他项目，否则将严肃追责。

（二）其他建筑典型设计方案

其他建筑典型设计方案详询国网新疆建设分公司。

四、水消防系统统一技术要求

（1） 水消防工程按照清单方式进行招标，增容扩建工程水消防纳入主体施工范围。

（2） 设计单位审核厂家提供的内部埋管、管线布置等图纸合理性，防止后期现场施工存在问题。

（3） 本要求与可研、初步设计评审意见存在冲突的以具体评审意见执行，本要求之外的有关消防内容，按照可研、初步设计批复情况进行执行。

（一）消防水泵房、雨淋阀间

（1） 寒冷地区容易冻结和可能出现沉降的地区，消防水系统等设施应有防冻和防沉降措施。雨淋阀间和消防水泵房内采暖加热必须采用双路电源供电方式。室外地下消防管网、消火栓、阀门井内管道、阀门、法兰需做防锈蚀、防冻措施，消防井盖下方增加保温木质盖板和防雪保护罩抗冻措施，确保消防管网不发生冻胀、冻裂现象。

（2）雨淋阀间电动分区阀控制系统应设置备用电源，避免失去电源后常闭阀门无法快速打开。雨淋阀间、水泵房消防管道需加装排气阀。

（3）户外变电站主控通信室、配电装置室、消防水泵房和建筑疏散通道应设置应急照明。严禁应急照明和事故照明混用。水泵房灯具安装位置不宜过高，位置应合理考虑，应兼顾考虑照明充足和后期更换维护需求。

（4）消防水泵房和雨淋阀间管道布置应合理考虑后期运维人员巡视及操作要求，布置专门的人员巡视和操作通道。

（5）消防水泵房及雨淋阀间各个阀门、表计均应粘贴满足消防要求的标识，标识要有编号区分（需设计单位在图纸上注明阀门编号，消防厂家按图纸进行编号），开启状态（常开或常闭）、管道水流走向及室外阀门井、消火栓标识均应齐全。现场装置明显处应有手动操作步骤说明，各功能按钮、操作把手应标识明晰，在经常有人通过或误碰易造成装置误动的场所，须另加防护措施并设置警示标识，阀门开启/关闭方向，到位指示等标识，雨淋阀启动警铃应放置在雨淋阀间，水消防阀门使用钢制闸阀。

（6）消防水泵电源应充分综合考虑消防水泵功率、所带负荷等因素，在设计阶段核算清楚，避免后期容量不够重新更换问题。同时消防两路电源应分别从 0.4kV 不同的两段母线取电，抽屉开关要使用定值可调式的。

（7）消防水池的有效容量，应在消防技术规范规定的火灾延续时间内，满足室外消防用水总量的要求。目前 750kV 变电站按照 1400m^3 考虑。消防水池应采取自动补水措施。寒冷地区的消防水池应采取防冻措施。消防水池应设置就地水位显示装置，并应在消防控制中心或值班室等地点设置显示消防水池水位的装置，同时应有最高和最低报警水位。消防水池的溢流管、泄水管不得与生产或生活用水的排水系统直接相连，应采用间接排水方式。生活用水系统应与消防水池进水分开，单独设置。

（8）针对站内消防系统供水源由站内深水井提供的，存在水质差、泥沙重缺点时，为防止管道、雨淋阀、防复位阀门积沙，造成固定灭火装置误喷风险，需在深水井至蓄水池管道之间安装水质过滤装置。

（9）消防水泵房巡视格栅、排污井要有防跌落措施。

（二）消防管道

（1）主变压器附近水消防管道设置跨接接地（密封垫片材质是钢垫片则不需要跨接）。

（2）消防管道阀门井设置隔离阀门，满足分段检修管道不影响消防用水功能的要求。消火栓管网泵房出水口两路出水管，接至不同管路，便于后期检修。消防水泵房至雨淋阀间水消防管路间应根据距离合理设置阀门井、隔离阀门、泄水阀门，方便隔离检修且有效地将水及时排除。所有地埋式、涵沟式消防管道应在堵头、弯头、三通处设置支墩，支墩按照《柔性接口给水管道支墩》要求进行施工，同时设置支墩标示，标明消防管网走向。

（3）过滤器之后的配水管道应采用内外壁热镀锌钢管、不锈钢管或铜管，需要进行弯管加工的管道应采用无缝钢管。主变压器水喷雾管网连接方式明确为焊接法兰，卡箍连接方式存在隐患，在主泵起动喷雾后，管网会晃动，会存在卡箍脱离或主管网脱落隐患，对主变压器造成伤害。

（4）给水管道应在低处设置放水阀或排污口。埋地管道的放水阀应设置在阀门井内，并将排水引入排水井。在主变压器周边应合理设置放空井及放空阀，便于喷淋过后的水排出管道。放空井深度应结合就近雨水井深度合理设置，避免放空井深度过深，水无法通过就近雨水井排出。室外消防管网管道横向安装宜设 2‰～5‰的坡度，且应坡向排水管；当局部区域难以利用排水管将水排净时，应采取相应的排水措施。

（5）水消防系统管网阀门井应设置合理，满足当主管网系统发生故障时能够分段隔离检修的需求。水消防系统主管网分段隔离检修时，给水管道须设置放水阀，便于将管网积水排出，有效迅速完成管网抢修。地埋管道周围有雨水井时需增加抗渗功能措施，抗渗混凝土技术监督检测合格，确保不发生雨水井渗漏导致地埋管道沉降问题。

（6）主变压器油池底部安装的水管网设置的放水阀检修口不宜过小，要能够满足检修人员开启/关闭放水阀工作需求（或通过旋转把手完成放水阀的开启/关闭）。

（7）消火栓阀门井设计要合理，需要安装上下井的爬梯，应留存足够活动空间方便运维人员上下开展运维工作，且能够满足消火栓阀门井检修维护工作的空间需求。

（8）消防管网法兰内外连接面进行满焊，避免法兰内部连接处存在缝隙积水造成管道冻裂情况。

（9）地下消防主管网路径应避开主设备，以防管网发生渗漏水时影响主设备正常运行，以防为后期检修工作带来不便；如主变压器消防水管网敷设时，避开油光谱进出油管和变压器本体电缆穿管，不能贴靠油池底部安装。

（三）消防喷淋设备

（1）固定自动灭火系统的喷头、管道、消防柜等设备设施与电气设备带电（裸露）部分的安全净距符合现行行业标准《高压配电装置设计规程》（DL/T 5352—2018）的规定。

（2）水喷淋喷头设置符合喷洒要求，喷洒区域应对主变压器全覆盖，水雾喷头无锈蚀堵塞，且应安装防护罩或做防尘措施。

（四）火灾自动报警系统

（1）水喷雾灭火系统应满足《国网设备部关于印发变电站消防设备设施运行管理规程（试行）的通知》（设备变电〔2021〕68 号）相关要求。

（2）设置火灾消防子系统：变电站火灾消防子系统包括消防信息传输控制单元、模拟量变送器等设备，配合火灾自动报警系统，实现站内火灾报警信息的采集、传输和联动控制。

火灾自动报警系统内的前端设备通过总线上送数据至消防信息传输控制单元，消防信息传输控制单元采用标准协议将数据整合上送至综合应用服务器，并发送给智能巡视主机。

火灾消防子系统配置原则如下：

1）根据探测区域及区域内电气设备特点，变电站应配置不同原理和类型的火灾探测器；

2）各房间及预制舱应配置点型感温感烟火灾探测器或吸气式感烟探测器；

3）蓄电池室应配置防爆感烟火灾探测器；

4）有设备运行温度要求的区域，如变压器室、电缆夹层、电缆竖井、室外主变压器、室外高压并联电抗器等区域，应配置缆式线型定温火灾探测器。

（3）水喷雾消防系统模块等厂家提供屏柜、箱体与站内其他屏柜、箱体颜色保持一致，设计单位在招标技术规范书内体现。

（4）设计需明确厂家提供的双电源柜、应急柜、启动柜、稳压巡检柜母排裸露部位增加隔离挡板及绝缘护套，防止误触电。以上柜子进线电缆应上架固定与地面保持一定高度并放入防火槽盒内。

（5）同一变电站不同变压器的固定灭火系统应能分别投自动。一台变压器检修时，相应固定灭火系统退出自动启动状态或采取措施将自动启动回路隔离，防止变压器检修时固定灭火系统误喷，且不得影响本站其他在运变压器投自动状态。

（6）系统应具有自动控制、手动控制和应急机械启动三种控制方式。自动控制指水喷雾灭火系统的火灾探测、报警部分与供水设备、雨淋报警阀等部件自动联锁操作的控制方式；手动控制指人为远距离操纵供水设备、雨淋报警阀等系统组件的控制方式；应急机械启动指人为现场操纵供水设备、雨淋报警阀等系统组件的控制方式。

（7）下列信号应接入变电站主设备监控系统：喷淋泵电源工作状态，喷淋泵的启、停状态和故障状态，水流指示器、信号阀、报警阀、压力开关的正常工作状态和动作状态，消防厂家提供电缆、进行电缆敷设、接线、上传信号等施工内容。

（8）为有效避免水喷雾系统误喷，应在雨淋阀组出水口处增加分区电磁阀。主变压器雨淋阀应急启动把手要有可靠的防误措施，防止误碰启动雨淋阀导致误喷。

（9）变电站值班主控室应安装能够监视消防水池液位的指示器，且具备后水位报警功能，报警值可调节。

（10）雨淋阀间与消防泵房安装温湿度监测传感器，同时将室内电暖器运行状态接入在线监测，并上送后台监控，便于运维人员及时掌握室内温湿度及电暖器运行工况。

（11）雨淋阀组主备电源工作状态应接入后台监控系统，便于运维人员掌握雨淋阀组运行工况。

（五）工程施工界面划分

室外消防管网施工与室内管网尽量由同一家单位施工，避免责任界面划分不清楚，互相推诿问题，同时方便后期验收工作。消防立柱接地扁铁由主体施工单位完成，消防单位在立柱上预留接地端子。消防管网涵沟敷设时，主体施工单位完成涵沟、盖板施工，涵沟内管道施工由消防施工单位进行施工，管道敷设施工、试验完成后由消防施工单位完成涵沟盖板覆盖。

管道直埋方式，负责地下管道施工的，由该施工单位负责管道清洗、试验，消防施工单位负责整体消防系统的清洗、试验、试喷等内容（包含相关所用的材料、试喷用水及其他费用）。

若地下管道为直埋方式，则按照以下施工界面划分。

（1）消防泵房，主体施工单位把室外消防管道引入消防泵房室内 30cm，剩余设备管网由消防单位完成。雨淋阀间，施工单位把室外消防管道引入雨淋阀间高出地面 30cm，剩余设备管网由消防单位完成。主变压器区消防，主体施工单位把室外消防管网引入油池 30cm 或出地面 30cm，剩余主变压器消防设备管网由消防单位完成。

（2）消防报警系统，预埋管线由主体施工单位完成，穿线调试验收由消防施工单位完成，二次信号上传至智能辅助控制系统、后台等功能实现（包括电缆材料、敷设、调试等工作内容）由消防施工单位完成。

第二章
变电一次专业

一、一般规定

（1）主变压器、高压并联电抗器高压套管观察窗选型问题。在一次设联会期间，明确高压套管油位观察窗采用椭圆形开孔设计，便于后期运维。高压套管采用双末屏。

（2）主变压器、高压并联电抗器底座开孔与抗震螺栓偏差问题：一是在图纸交换期间，设计单位在施工图纸中明确设备底座开孔位置；二是厂家在制造期间，将设备底座设置为椭圆形，如现场安装期间出现局部偏差，便于安装调节。

（3）750kV GIS 组合电气母线筒选型问题；母线筒采用直筒。

（4）220kV GIS 组合电气安装使用移动厂房；将 220kV GIS 安装使用移动厂房加入初设阶段，在可研初设阶段，确保后期设备安装质量。

（5）66kV 断路器设备选型；66kV 断路器选型以－30℃为界限，温度高于－30℃采用六氟化硫纯气，低于－30℃采用 SF_6 和 SF_4 混气。

（6）66kV 电流互感器设备选型；66kV 电流互感器选型以－30℃为界限，温度高于－30℃采用 SF_6 纯气，低于－30℃采用纯油。

（7）开关柜母线桥内部母排相序布置及问题；设计院与厂家交换图纸时，母线桥内部母排相序与所用变相序重点核实。

（8）400V 抽屉选型及配置要求；设计院提前考虑水消防水泵功率就地启动最大电流，一体化电源招标技术规范书中确定开关柜抽屉选型。

（9）750kV 金具选型问题；要求设计单位在图纸设计阶段严格按照国网新疆电力有限公司关于 750kV 变电站金具开裂分析及整改治理会议纪要执行，将所有酒杯型金具型式改为螺栓连接方式，各新、改扩建变电站均执行。

（10）变电站检修电源箱容量不足，不能满足大型检修使用要求；在新、改扩建设计阶段，应充分考虑站内检修用电需求，设计较大容量的检修电源箱，同时需满足级差配置要求，投运较早的改扩建工程，设计单位应在初设阶段考虑对 0.4kV 开关柜进行升级改造。

（11）全站控制柜空调布置方式问题；设备厂家每个箱体配置一台空调，将空调布置在箱体侧面，方面检修，同时，空调布置位置应避开支架连接位置，避免箱体柜面与支架连接位置冲突，无法正常启闭柜门。

（12）750kV 区高跨线、母线采用四分裂导线，引下线采用双分裂软导线。

（13）中性点小电抗器选型容量校核，设计院根据线路电气参数和站内系统情况确定容量。

（14）设备间连线较短时，宜采用铝绞线，减小应力。

（15）主变压器高压侧三相进线耐张串与主变压器龙门架夹角偏差不宜过大。

（16）改扩建变电站工程，使用备用相高压并联电抗器时，需要核实电气参数、配件，计列相关费用。

（17）主变压器油枕有单独支架时，支架应进行双接地。

（18）主变压器高压并联电抗器本体端子箱应设计独立基础。

（19）工程主变压器、高压并联电抗器有备用相时，后续扩建设备需要核实匹配与备用相的电气参数。

（20）断路器需配备局放传感器，在可研初设阶段计列相关费用。

（21）改扩建工程主变压器、高压并联电抗器接入在线监测后台，在可研初设阶段计列费用。

（22）设备操作超过 1.5m 时，需要考虑相应操作平台或踏步。

二、电气一次设备技术协调会通用要求

（一）主要标准及规范

设备厂家提供的设备应满足的主要标准和规范如下（不限于此）：

（1）《国家电网有限公司关于印发十八项电网重大反事故措施（修订版）的通知》（国家电网设备〔2018〕979 号）；

（2）国家电网公司物资采购标准通用技术规范；

（3）国家电网公司物资采购标准专用技术规范；

（4）《国家电网有限公司输变电工程通用设备 35～750kV 变电站分册（2022 年版）》；

（5）国网公司“五通一措”“精益化要求”；

（6）全过程技术监督精益化管理实施细则；

（7）国家电网公司三十项变电反事故措施；

（8）防止变电站十六项全停措施；

（9）国网新疆电力有限公司职能部门下发的相关文件；

（10）基建和生产差异化文件要求。

上述标准及规范对设备供货商、施工单位、设计单位、国网新疆超高压分公司等各参建方有同等约束力。若上述标准及规范之间存在冲突，优先以国网颁布的、相比较严的标准执行。如有特殊情况，如后续新增条款或有更改的条款各方友好协调解决。

（二）公共部分

（1）设备厂家应提供按 1:1 比例绘制的电子版图纸，同时应免费提供按比例绘制的设备三维模型（*.gim）和文件大小为 0.5～1M（推荐）的能真实反映设备外形的简化版三维模型（*.gim）。图纸及三维模型尺寸应完全对应，并严格按比例绘制，否则视为未提交，提交时间和冻结时间应与设备资料同步。由于未按比例绘制图纸而引起的安装、带电距离等责任问题由厂家负责。图纸中应注明工程名称及设备数量，应注明（包含但不限于下述）适用的环境温度、抗震烈度、设备重量、迎风面积、自振频率、重心位置、接线端子受力等满足本工程招标要求的重要参数。设备厂家在中间修改图纸时必须标明版次，每版次必须增加修改部分内容说明及云线圈注，云线以外的部分视为未改动。未提及部分造成的损失由设备厂家承担。厂家或设计单位提供可编辑的 CAD 图纸。厂供电缆的线芯编号和命名按《继电保护及二次回路安装及验收规范》（GB/T 50976—2014）4.5.7 电缆芯线应标明回路编号、电缆编号和所在端子位置，内部配线应标明所在端子位置和对端端子位置。所有需要施工单位敷设的厂供电缆均需在厂家提供的图纸中标注电缆编号及回路号，并提供厂供电缆清册，图纸与清册中的电缆数量、型号、编号等需完全一致。

（2）各设备厂家应按招标文件规定的地震水平加速度进行本体抗震设计。

（3）各设备厂家应按招标文件规定的最低气温进行耐低温设计，确保自身产品能够在工程现场安全稳定运行，耐低温设计具体措施如下。

1）瓷柱式断路器优先选择纯气带辅助加热措施的方案，温控器传感器应能直接感受外界环境温度。加热回路电缆线径选型应与加热功率相匹配，并有适量裕度。当采用混合气体方式断路器仍需配置辅助加热措施且厂家技术文件中应明确合格混气比例区间及测试方法，确保在规定的气体比例区间内断路器性能不受影响；油浸类设备采用克拉玛依 45 号油。

2）各类柜体、箱体（包括机构箱）应具有良好的密封性能，建议采用优质密封垫圈如氟硅橡胶、epdm 塑胶。柜体、箱体（GIS/HGIS 设备的断路器/刀闸机构箱除外）应采用双重保温结构，并在两层中间加装保温棉，柜内附带加热及带数显可手动整定启动及返回值的温控装置，当温度低于5℃时自动启动（用户整定启动值、复归值）。加热及温控装置功率本身应能满足极低温度下的运行要求；温控装置应正确反应设计材料中标示的温度区间。

3）箱体内加热器应能满足极低温度下运行要求，机构箱内温控器可手动、自动启动和停止。温度，温控器应为可调数显式。加热器与各元件、电缆及电线的距离应大于 80mm，不应发生把二次线烤变色情况。所有户外箱体加热装置不得使用铝合金加热板，机构（箱）加热装置宜使用硅橡胶加热板（非强制要求），须有运行业绩良好及相关业绩证明；断路器机构箱内加热器温控器建议设置在汇控柜或端子箱内，传感器设置在机构箱内。

4）设备厂家提供的设备及元器件必须全部满足最低温环境的要求，继电器、二次电缆的性能应满足最大温差、最高温度及最低温度环境下的使用要求。采用能够适用于设计说明中标识的极端天气条件的润滑脂，来保证机构传动部分的轴承密封可靠性。

5）备品备件、试验仪器、仪表及蓄电池的工器具等应能保证在设计说明中标识的极端天气条件下正常连续使用。

6）SF_6 密度继电器（含混合气体）采用大量程金属波纹管标准气囊气体参比式，AIS 设备 SF_6 气体管路需要使用铜管，断路器表计需外移，外置式电流互感器表计下移高度 1.5m，ABB 厂家的弹操机构表计应设置独立表计固定支柱。

7）采用混合气体的 SF_6 设备应采用相应混合气体的 SF_6 密度继电器。

8）SF_6 密度继电器应同时具备低气压功能，并预留远传接口（根据最新通用设计：GIS/HGIS、断路器应配置绝缘气体密度远传表计，满足《智慧变电站技术规范　第 4 部分：数字化远传表计》）。

（4）针对设备防风沙能力，设备厂家应提出相应的应对措施。设备本体承受风速的大小应采用折算至设备最高处的风速，同时应充分考虑沙暴对风压的增益作用，使设备机械强度有较大的安全裕度，能耐受强风沙对其产生的额外机械强度要求，提出防风沙措施如下。

1）产品在设计上尽量无任何外露的传动连接杆件等，如三相一体机构，需在瓷质固定底座四周设计密封板，从设计上避免风沙对传动系统产生影响。

2）绝缘子应选取抗风沙磨损能力强的产品。瓷质绝缘子表面应按国标要求进行加厚釉层处理，以提高绝缘子表面抗沙尘能力。

3）提高设备表面喷漆工艺水平，采用具有附着力强的专用漆。投产前设备若不满足验收要求，厂家应对设备进行必要的整体喷漆工作。

4）对于温度计、油位计、瓦斯继电器、油流继电器、SF_6 密度继电器等重要继电器、传感器及表计，设备生产厂家应配套安装防雨、防尘罩，采用不锈钢材质，避免外露部件和二次接线接头部分受风沙的磨损和侵蚀。防雨罩应能防止上方和侧面的喷水，二次线要遮挡至少 5cm。防雨、防尘罩的安装应牢靠，避免振动，防雨、防尘罩应便于拆卸；主变压器、高压并联电抗器瓦斯继电器防雨罩严禁固定在一次管路连接螺栓上，避免拆卸引起一次管路密封破坏。

5）全站柜体/箱体均宜采用双层设计（室内配电箱除外，平高 HGIS 的汇控柜前门双门，后门单门设计），每层均采用优质 304 不锈钢材质，外层的厚度不小于 2mm。柜体/箱体与门接触部位应设计优质防护条增加箱体密封性，防护条应采用耐酸碱、耐老化的材料，寿命不应小于 10 年，形状应与箱门形状相吻合。每层门均应采用优质防护条增加箱体密封性，减少箱体开启的次数。机构箱（GIS/HGIS/液压弹簧机构设备除外）采用双层门结构时，前后左右门必须采用活门，箱体采用不锈钢材质时应出具检测报告。汇控柜、端子箱等密封箱体材质、厚度至少满足国网公司金属技术监督要求。双层门均应设置黄绿软铜接地线。断路器和隔离开关操作机构箱（GIS/HGIS/液压弹簧机构设备除外）必须采用双层门；双层门结构机构箱不得仅在外门处设置通风口，应两层门均设置。

6）落地安装且有精密元器件的柜体（如智能控制柜、主变压器风冷控制柜、主变压器/断路器三相汇控柜、油色谱/油光谱监测柜、仪表箱等）外表面不应有外露螺钉，防护等级应达到 IP65，带空调，不带通风口。同时需提供第三方权威检测报告（国网电科院、中国电科院等国家级以上检测报告）。本体端子箱（包括操作机构箱和接线盒）等级应达到 IP55。

7）本体不含加热器的箱体，例如主变压器无载开关机构箱，取消各类机构箱通风孔设计。

（5）对本工程电气设备颜色进行规范、统一，色标采用 RAL 劳尔色卡－K7 系列，具体规定如下。

1）主变压器、断路器、隔离开关、电流互感器、电压互感器、电抗器、电容器、站用变压器、HGIS、支柱绝缘子等电气一次设备金属外表面涂漆颜色均采用灰色（RAL7032）。电气设备瓷质套管外表面颜色为棕色；复合套管外表面颜色为灰色（RAL7047）。

2）电气设备相关二次智能控制柜、检修电源箱、交流电源箱等柜/箱体金属外表面采用不锈钢拉丝。厚度满足规范要求，不小于 2mm。

3）消防管道及箱体为红色，加强喷漆工艺管控，采用具有附着力强的专用漆。

4）户内屏柜（包括 35kV 开关柜）采用 GY09 冰灰橘纹，站内其余未列设备金属外表面涂漆颜色均采用灰色（RAL7032）。

（6）智能装置应符合《智能变电站继电保护技术规范》（Q/GDW 441—2010）的相关规定，使用通过国家继电保护及自动化设备质量监督检验中心和电力工业电力系统自动化设备质量检验测试中心检验合格的产品，产品的型号、版本号、校验码与国调公布的智能终端检验公告保持一致。

（7）全站各电压等级智能控制柜及下放布置于配电装置区的二次设备屏柜除应满足《智能高压设备组件柜技术条件》（Q/GDW 734—2012）、《国家电网继电保护柜、屏制造规范》及《智能变电站智能控制柜技术要求》（Q/GDW 1430—2015）所规定的技术条件。对于室外设置含有智能终端等智能设备的屏柜［包括但不限于：66～750kV 断路器智能控制柜、主变压器本体智能控制柜、母线电压互感器（TV）智能控制柜及主变压器风冷控制柜、主变压器/断路器三相汇控柜（以实际柜内保护装置需求确定）、主变油光谱柜等］采用工业级空调控制柜内温湿度。空调安装在柜体侧面，空调防护罩门可打开，运行情况下空调可维护、可带电更换。双舱柜的两个舱体连通，共用 1 个空调，确保柜内温度在 5～40℃；空调故障发告警信号，空调输出 4～20mA 温湿度信号值（采用两根电缆），接入第一套（或本体）智能终端。空调应配置可调节温度按钮、液晶显示的面板，面板及回路应设置在汇控柜、智能组件柜正门处，可拆卸更换，方便回路查验和相关操作。端子箱（包含但不限于主变本体端子箱、断路器机构箱、刀闸机构箱、交流电源箱、检修箱等）配置 1 套长期投入型加热驱潮装置和 1 套带温控器型加热驱潮装置，均设置独立空气开关。各落地式柜体/箱体，外壳应留设接地端子，设计单位根据实际工程确定接地端子尺寸和接地材料，各户外柜体的接地端子高度及型式由设计单位统一。空调不应遮挡通风口，且空调风向尽量避免正对智能终端。户外屏柜空开高度全站统一为 1.5～1.8m，不得低于柜体 1/2。户内屏柜空开高度全站统一为 1.8m 左右。

（8）所有屏柜（智能控制柜、汇控柜、具有汇控功能的机构箱、端子箱及二次设备柜等）接地要求：屏柜内设置截面积不小于 100mm^2 接地铜母排（与屏体不绝缘）及截面积不小于 100mm^2 等电位屏蔽铜母排（与屏体绝缘），每个母排上预留若干Φ6 孔，厂家提前配置螺栓（2 平 1 弹），每个螺栓不超过 2 个线鼻子，每个线鼻子不超过 4 个接地线（柜内接地线多的情况下）。屏柜上装置的外壳接地端子应用截面积不小于4mm^{2}的黄绿色多股软铜线与屏柜底部的接地母排相连。户外柜内接地铜母排不应与主接地网相接（壳体做过喷漆的预留搭接面），等电位屏蔽铜母排与电缆沟内等电位地网相接。户外就地端子箱处等电位地网与主接地网在电缆沟内可靠连接。柜内屏蔽层接地与铠装层接地应通过号头区分。

（9）设备厂家提供的电缆槽盒应做跨接，符合验收要求。绝缘盆子颜色应符合国家电网科〔2014〕315 号文的要求。厂家提供的铁质螺栓应采取热镀锌工艺（Φ9 以上），长度符合标准工艺要求。

（10）设备厂家自带导体导电率应满足《电工用铜、铝及其合金母线　第一部分：铜和铜合金母线》（GB/T 5585.1—2005）和《导体用铜板和条》（GB/T 2529—2012）的要求。设备接线板电流密度满足《导体和电器选择设计规程》（DL/T 5222—2021）的要求。

（11）原则上各间隔智能组件厂家随本间隔保护厂家，例如第一套保护采用 A 厂家的，则与之配套的第一套智能组件也采用 A 厂家的。具体配置待二次设联会阶段明确。各一次设备厂家供货的智能设备待保护订货情况明确后，按照要求开展物资变更流程。

（12）双重化配置的智能终端应分别布置于智能控制柜内的不同舱室（GIS/HGIS 除外），若双重化配置的智能终端布置在同一舱室，则相应的端子、压板、把手等分开布置，舱室之间应设置有效的隔离措施。双重化配置智能终端对应的压板、把手、空开、联闭锁回路及光配等也应布置于对应的舱室，且应有明显标志。面对智能控制柜正面时右侧的舱体安装第一套智能终端、左侧安装第二套智能终端。750kV、220kV 每段母线电压互感器（TV）配置 1 面智能控制柜，柜内预留 1 台母线电压采集装置、1 台避雷器在线监测 IED（Intelligent Electronic Device，智能电子设备）装置的安装位置（根据最新通用设计，66kV 及以上避雷器均需配置监测装置，因此此处应增加 66kV

电压等级）。

（13）电压互感器二次绕组回路在 TV 端子箱内配置单相空开，在保护测控柜侧配置三相空开，电压空开采用 B 型。全站仅电压回路空开采用 OF 接点（辅助接点），其余空开接点均采用 SD 报警接点。压板全部采用插拔式。压板采用颜色加以区分（黄色为功能性压板，红色为出口压板，备用压板为浅驼色）。

（14）断路器智能控制柜内预留安装电编码锁口，断路器、隔离开关机构箱预留五防机械锁锁鼻。联闭锁回路按照国网新疆电力《750kV 变电站典型电气闭锁原则》设计。断路器或刀闸联闭锁回路严禁使用重动继电器，应直接用断路器或隔离、接地开关的辅助触点。所有网门等均不设置电磁锁，不考虑与配电装置处刀闸及地刀的电气联闭锁，相关闭锁均由五防编码锁实现。

（15）断路器、隔离开关、变压器（包括高压并联电抗器及站用变压器）以断路器智能控制柜（或 B 相汇控柜）、隔离开关汇控箱、变压器智能控制柜（三相汇控柜、风冷柜）为界，柜体（箱体）至设备本体的电缆由一次设备厂家提供。厂供电缆由总承包单位敷设，端子箱、汇控柜、智能组件柜和控制柜等接线（接线前进行交底、接线过程厂家指导接线），主变压器、高压并联电抗器、HGIS（GIS）、断路器本体元器件、计量表计等接线由厂家负责完成。校线由施工牵头，厂家、施工共同完成，校线质量厂家、施工共同负责。因设备厂家提供图纸造成敷设接线返工，由设备厂家承担所有责任。设备厂家提供电缆应采用满足环境要求的阻燃铠装屏蔽电缆（控制及信号回路）和采用满足环境要求的阻燃铠装电缆（其中直流电源回路电缆需采用满足环境要求的阻燃铠装屏蔽电缆），采用防鼠咬措施，设备厂家提供的电缆截面要求电源及模拟量回路电缆截面不小于 4mm^2（4～20mA，PT100 除外），控制回路（智能终端内部配线采用 1.5mm^2 多股软铜线）不小于 2.5mm^2，信号回路不小于 1.5mm^2。设备厂家按设计单位提供的电缆清册模板填写，按实际中标设备数量提供全部电缆清册，电缆起点、终点均采用汉字，明确相位，并随同图纸返回设计单位，由设计单位汇总出版。因未提供电缆清册或提供不全导致问题由设备厂家承担责任。同全站动力电缆和控制电缆等统一要求。

（16）所有屏柜及端子箱内的端子排应按照功能分段，要求端子排上预留足够的短连片和可连端子供接线，所有端子的两侧各只允许压接一芯；禁止采用双层端子；端子箱、机构箱、智能控制柜、汇控柜等屏柜内的交直流端子不应布置在同一段端子排上；相同功能的接线应集中设置（如正负公共端等，应按照反措要求执行）。设备本体接线箱内电流互感器（TA）端子排禁止采用横向排列（35kV开关柜除外），防止TA短接连片在正常运行时因震动导致螺丝松动而造成电流回路开路。电流/电压回路及断路器分合闸出口回路（智能控制柜侧）使用试验端子，其余回路使用普通端子。跳闸出口回路使用红色的试验端子，且与直流电源端子保持一定距离并采取有效隔离措施。柜内端子排的布置应合理，避免同一根电缆接至柜内不同侧的端子。建议采用可拆卸端子（含户外）等。

（17）强电和弱电回路、交流和直流回路、电流和电压回路应使用各自独立的电缆。各设备厂家提供的机构至智能控制柜（端子箱）的电缆亦应按此原则组织电缆。各机构辅助触点应按照交、直流回路使用需求，分别组缆引接至汇控柜/智能控制柜。直流电缆不应与交流电缆并排铺设，双回路电缆要分侧敷设。电缆备用芯采用绝缘保护帽。

（18）各智能控制柜供货商完成智能部分图纸设计并提供设计单位，并配合完成后续修改。智能控制柜中连接片以及给智能终端、在线监测IED等供电的空气开关、端子排、非免熔接光纤配线架（免熔接光纤配线架由设计单位与一次设备厂家沟通确认数量等）、盘纤架、按钮、控制转换开关等均采用阻燃材料制造，均由智能控制柜厂家（即一次设备厂家）负责供货，并完成安装和接线，同时还应按照设计单位要求，提供集成化设计所需的空开、端子排、压板等附件。智能控制柜厂家随屏柜提供足量的跳纤至施工现场，并完成屏内设备间及屏内设备至光配的跳纤接线。全站熔纤工作按照设计单位提供的清册均由施工单位完成。

（19）交流电源和空开配置原则：

1）断路器、隔离开关、接地开关的电机电源采用交流电源，并配置各自独立的空气开关；

2）隔离开关、接地开关的控制电源采用交流电源，并配置各自独立的空气开关；

3）机构箱照明、加热回路配置各自独立的空气开关。加热回路应三相分别由各自温控器控制；

4）加热回路不得与控制回路共缆，交直流回路电缆严禁混合绑扎。

（20）就地/远方转换开关、控制开关配置原则：

1）断路器就地/远方转换开关及控制开关的设置原则见本章断路器部分；

2）智能控制柜上不设置电气解锁把手。

（21）断路器本体三相不一致保护双重化配置，应有独立的功能及出口压板，不一致时间继电器应采用数字式产品，最小整定步长应为 0.1s。所有涉及直接跳闸的重要回路，应采用动作电压在额定直流电源电压的 55%～70%范围内的中间继电器，并要求其动作功率不低于 5W。220kV 及以上断路器的压力闭锁继电器应双重化配置，断路器的压力闭锁继电器引出接点数量应能同时满足闭锁保护重合闸及分相上送后台功能。非全相按新疆公司相关要求执行。非全相出口继电器不应有凸出按钮，并相应执行《三相不一致改造会议纪要》电设备〔2019〕8 号。

（22）750kV 断路器汇控箱，220kV 断路器智能控制柜、母线智能控制柜，在保证联锁回路完整的情况下预留 20%备用端子，两两可连片短接。

（23）750kV 断路器汇控箱，220kV 断路器智能控制柜、750kV/220kV/66kV 母线智能控制柜需配置输出本间隔隔离开关、接地开关机构箱、750kV/220kV TV 端子箱所需电源及加热照明空开，并完善回路（220kV/66kV 需考虑带电显示器电源）。电源进线用端子：交流、直流均暂按 16mm^2 的电缆配置端子考虑，最终以设计院图纸确认为准。

（24）所有智能控制柜、设备汇控柜、设备汇控箱均需提供柜体正面、背面柜面、俯视图布置图，图中应标明端子排、装置的布置，柜内端子排的端子号不允许重复，对于智能终端供用户接线的遥信开入公共端不少于 12 个。依据国家电网通用设备的要求，所有一次智能控制柜、一次设备汇控柜、一次设备汇控箱预留 20%的备用端子。

（25）SF_6气体密度表朝向巡视道路且应避免阳光直射，应方便机器人巡视观察。互感器、避雷器计数器或在线监测表计安装高度 1.5m，断路器表计按照产品要求执行。

（26）互感器二次接线端子、油浸式互感器取样阀具有防转动措施，防止外部操作造成内部引线扭断或渗漏油故障；同时取样阀需采用强度高、抗腐蚀材质产品，满足不停电、不放油更换取样阀的要求。

（27）根据《变压器油维护管理导则》（GB/T 14542—2017），对 750kV 电压等级的变压器、电抗器、互感器、充油套管等充油电气设备到场新油的颗粒污染度要求为不大于 1000，热油循环后颗粒污染度不大于 2000。

（28）应综合考虑变电站气候环境，核算各类绝缘油（主变压器、高压并联电抗器、所用变电器、电流互感器、电压互感器、电容器、充油套管等）在不同环境温度（低温环境）下的体积变化，合理设计充油类设备油枕容量，不小于铭牌标识油重 10%、观察窗刻度应有高中低标识，满足极寒环境下，不出现异常信号。

（29）应核算不同金属材质（膨胀系数不同）设备在低温环境下体积变化率，保证设备在极寒环境下可靠运行。如：核算电气连接回路接线板、紧固螺栓因材质不同，在极寒天气下的体积变化率，及对电气连接回路连接可靠性的影响（接线板紧固力矩变化、隔离开关静触指弹簧的弹性系数变化）；核算各部件（金属、非金属）在极寒天气下，刚度、强度、韧性的变化，在遇大风环境满足时应满足要求。

（30）各电气设备出厂试验报告等设备资料应与设备同时到货验收。

（31）设备厂家需提供主设备附件及备品备件的型号及生产厂家清单给国网新疆超高压分公司。

（32）设备厂家成套提供的地脚螺栓强度达到 8.8 级及以上，且采用双螺帽或平弹垫配合。

（33）一次连接引线接线板螺栓应使用 8.8 级及以上热镀锌螺栓，配套的螺帽强度应合适。66kV 电抗器、电容器间隔应严格按照核算范围使用不锈钢螺栓。

（34）智能控制柜内部应预留外接二次电缆绑扎空间，外部接线电缆固定不应采用槽盒（HGIS 除外）。

（35）高压并联电抗器、站用变压器、中性点小电抗器与基础间采用地脚螺栓连接。主变压器无抗震隔振要求的采用卡扣固定限位装置，不焊死本体。主变、高压并联电抗器有抗震等特殊要求的，按设计图纸执行。

（36）所有变压器、电抗器油枕采用波纹内油式，并提供 500kV 及以上五年优良运行业绩。金属波纹内油式储油柜不应全封死，应留有可观察油枕的窗口，避免运行过程中波纹破裂无法观察。

（37）所有落地式的智能控制柜、风冷控制柜、三相汇控柜、端子箱及保护屏柜端子排最低位置距离箱底不小于 300mm。屏顶端子排最低位置距离箱顶不小于 200mm。

（38）所有一次设备铭牌，尤其是隔离开关，厂家自带设备铭牌安装在柜门侧面，如果只能安装在正面，也要在最下方，正面必须预留安装一次设备标识的位置。

（39）与二次有关的设备要求以二次设备设计联络会为准。

（40）220kV 及以上避雷器应加装能监测全电流、阻性电流（TV 电压应取三相电压，各间隔采各自线路电压，主变压器采主变压器进线电压，母线电压采就近线路或母线电压，不得采单相电压）及计数器动作次数在线监测装置，在线数据接入在线监测装置后台系统（根据最新通用设计，66kV 及以上避雷器均应配置避雷器在线监测装置，电压采集配置方案为：一个半接线的 750kV 部分采集母线电压、各线路电压、主变压器进线电压；双母双分段的 220kV 部分采集母线电压、主变压器进线电压；66kV 则采集母线电压）。

（41）500kV 及以上变压器（电抗器）优先考虑采用无载气（自产载气）油色谱在线装置。

（42）充油式套管及电流互感器应有专用取油口，该油口应设置安全、合理便于后期运维单位开展色谱取样工作。

（43）750kV 避雷器在运输过程中装设三维冲撞记录仪。

（44）根据国网新疆超高压分公司关于规范一次设备接线端子尺寸的说

明，对接线端子尺寸进行统一（部分尺寸不满足通流量要求）。750kV 套管升高座到分支集气管路之间管路要求采用高压软管连接，管路中配置瓦斯继电器，提高非电量保护灵敏性。

（45）断路器储能计数器、动作计数器采用不可归零的计数器。

（46）主变压器/高压并联电抗器应提供 10%的备用油。

（47）断路器储能电源应分相控制，信号应分别上传。

（48）断路器打压超时信号、低气压告警信号、热偶继电器动作信号应分相上传。

（49）高压并联电抗器/主变压器检修电源箱级差及容量应满足检修要求。

（50）高压电抗器端子箱、油在线监测箱等位置选取应合适，不应影响检修通道。

（51）高压电抗器前不应设置消防箱，影响检修通道。

（52）所用变压器推荐使用高位布置，不设置四周围栏。

（53）66kV 电抗器使用高位布置，四周不装设围栏（本工程站址地震水平加速度为 0.15g，物资招标过程中只能按照高式布置招标）。

（54）中性点电抗器四周围栏全封闭，留网门，四周均留有巡视通道，避免无法观察油枕油位。

（55）主变压器、高压电抗器前检修电源箱容量应达到 630（400＋100＋100）A，并配置相应的空开和接线排。站内所有检修箱三相、单相插座总数至少 5 个。设计单位按此原则配置。

（56）各设备提供的组、部件不得在新疆 750kV 变电站内出现过重大质量事件。

（57）66kV 保护集中组屏时每套保测装置应设置单独的双电源切换把手，以免切换把手故障时导致多个间隔同时失去保护功能。

（58）750kV 中断路器两侧 TA 极性端 P1 应分别指向断路器两侧，边断路器两侧 TA 极性端 P1 均指应向母线，避免在电流二次回路倒极性。主变压器、断路器、高压并联电抗器等一次设备 TA 套管处均需标明 P1、P2 极性标识（标识大小应确保人员巡视时肉眼可辨）。

（59）全站电流、电压回路、控制、信号、电源回路电缆（含厂家自带电缆）均要求留有备用芯，不少于 20%且不少于 2 芯（不包括交流电回路电缆）。

（60）全站电缆金属穿管处应有防坠落、防磨损措施，电缆穿孔处应做好防磨损措施。接线盒引下电缆采用槽盒，并做好防坠落措施。TA、TV、本体接线盒的大小应满足现场接线需求，进入接线盒的电缆“萝卜头”应接入盒内 20～30mm。

（61）设备厂家投运前应将所有二次设备的空闲端口（USB、串口、网口等）进行物理和软件封闭。

（62）全站时间继电器不得采用气囊式继电器。

（63）每台交换机的光纤接入数量不宜超过 16 对，并配备至少 4 个备用端口。

（64）机构箱、端子箱采用双层门结构时，若有门，必须采用活门。

（65）对于 66kV 母线、35kV（或 10kV）进线电压等不接地系统，为可靠监视 3U0 告警信号，需同时具有两种监视方法：一种通过零序电压监视继电器上送，继电器动作后开关量信息上送后台；另一种将 3U0 模拟量接入测控上送。

（66）全站各类标签名称（包括由施工单位负责的临时标签）均应符合《国网新疆电力公司变电站二次设备标识规范》的规定。机构箱、汇控柜内的二次元器件应有双重标识（编号及汉字名称）。

（67）高压并联电抗器、主变压器、所用变压器本体电缆，断路器、隔离开关、接地刀闸辅助开关处电缆，均应使用多股软芯电缆。

（68）设备接线端子应采用符合国家标准要求的铜铝上下面（搭接）焊接的线夹，严禁采用铜铝对接过渡线夹。《国网新疆电力公司运检部关于印发 2017 年电网设备反事故措施的通知》（电运检函〔2017〕95 号）。

（69）750kV 设备线夹选型。一是明确间隔出线至隔离开关引下线，间隔出线至电压互感器引下线，母线至隔离开关引下线，高跨线至母线引下线，避雷器、高压套管引下线，主变压器低穿进线至隔离开关引下线六种大落差典型垂直引下线下端设备线夹使用单板螺接式设备线夹，一体成型铸造。二是引下线上端使用压接型金具，压接铝管插入深度为80mm，压接铝管与酒杯底座焊接处增加四个焊接补强槽，接线板设置加强筋。三是单板螺接式设备线夹，应在接线板处设置加强筋，螺栓应使用8.8级双螺帽并采取防松措施；管母抱箍线夹应与接线板一体成型，接线板并设置加强筋。四是螺接式设备线夹、管母抱箍金具均采用至少3个压斗；五是避雷器、电压互感器顶部引下线下端设备线夹，采用螺接式双分裂设备线夹，并设置加强筋，上端采用酒杯加强型金具。

（70）均压环应满足以下基本要求。

1）应对均压环各部位的化学成分、室温力学性能、低倍组织、显微组织进行检验，使各部位材质参数基本一致，并符合《铝及铝合金热挤压管　第1部分：无缝圆管》（GB/T 4437.1—2000）相关要求，并提供相应的第三方检测、检验报告。辐条使用加强型结构，辐条数量满足均压环在恶劣环境下正常运行，不得发生断裂现象。

2）焊材选取，应选用与母材相近或相同成分的焊条进行焊接，并提供相应记录。

3）焊接方法，母材厚度为0.5～25mm时，宜选用钨极氩弧焊。

4）均压环运行过程中会因风、设备本身产生共振，故设备厂家应结合运行地区环境、设备本身振动幅度及频率，应选用、设计抗振能力强的均压环；可通过提高均压环固有频率（不能与设备产生共振）措施、控制均压环薄壁颤振措施、提高均压环焊缝减震措施等方式。

5）应对均压环各焊接点、焊缝工艺进行检测，检测项目主要为无损检测、破坏性试验、焊接热影响区的组织和性能分析，并符合《铝及铝合金的焊接工艺评定试验》（GB/T 19869.2—2012）、《金属熔化焊焊接接头射线照相》（GB/T 3323—2005）要求，并提供相应的第三方检测、检验报告。同时，应开展焊接头的工作应力分布、静载强度计算、疲劳计算等，并进行焊接性试验，并提供相应报告。

6）对于管径相差较大的铝管焊接，接触焊接处是均压环最薄弱的环节，易发生裂纹，应在焊接处进行加强筋加固处理。

7）均压环设计应参考所在变电站运行环境、设备本身特点进行差异化设计，在不影响设备稳定性的情况下，尽量减小均压环的自重、受风面积，合理优化尺寸，优化加强均压环的抗风、抗震、抗温差变化大的措施［如避雷器均压环不采用三只腿单环结构，均压环缺少中部一圈环形加固结构，抗震、抗风能力明显下降，应采用 4 支腿双环或三环结构，增加整体刚性；对于双层均压环，上下两层分别带有支腿结构，禁止支腿固定螺栓同时连接上、下两层的支撑腿（管），该结构在风力作用震动下易造成螺栓松动］。

8）均压环出厂前，应对均压环进行整体性试验，对于新结构、新材质的均压环还应开展型式试验、抽检试验等，相应的试验项目及标准参照《电力金具验收规则、标志与包装》（GB/T 2317.4—2000）执行。

9）均压环应在最低处设置Φ6 的滴水孔。与滴水孔不相通的竖腿也应在最低处设置Φ6 的滴水孔。

（71）全站断路器间隔控制柜、端子箱、风冷控制柜、油色（光）谱在线监测柜、检修箱柜体尺寸按照国家电网通用设备要求执行，屏柜推荐尺寸及门轴方向等统一要求见下表（各工程根据实际情况配置，尽量统一）。

智能控制柜尺寸

屏柜名称	尺寸（宽×深×高，mm×mm×mm）	门轴
750kV 断路器间隔智能控制柜	3000×1000×2400（三舱带空调）	两侧
750kV 母线设备柜	1200×1000×2400（单舱带空调）	两侧
220kV 断路器间隔智能控制柜尺寸	2000×900×2200（双舱带空调）	两侧
220kV 母线设备柜	1600×900×2200（单舱带空调）	两侧
主变压器本体智能控制柜	1900×800×2200（双舱带空调）	两侧
主变压器本体汇总箱	1900×800×2200（双舱带空调）	右侧
主变压器风冷控制柜	1300×800×2000（单舱带空调）	右侧
油色谱在线监测装置柜	1100×800×2000（单舱带空调）	右侧
66kV 断路器间隔控制柜（除主变间隔）	1100×800×2200（单舱带空调）	右侧
主变压器 66kV 断路器间隔控制柜	1900×800×2200（双舱带空调）	（两侧）右侧
户外动力箱、检修箱、端子箱	850×800×2000	右侧
户内屏柜	800×600×2260/800×1000×2260	右侧

三、750kV主变压器、750kV并联电抗器及中性点小电抗器

（一）一次部分

（1）图纸及计算书报告。

设备厂家提供的图纸应标注如下内容（包括但不限于此）。

1）标注器身及基础中心线。

2）变压器整体长、宽、底部外廓尺寸。

3）主变压器身重、上节油箱重、油重、运输重及总重量等参数。

4）套管定位、高度及倾斜角度；均压环高度及尺寸，应在均压环最底部设置Φ6滴水孔。

5）油枕、散热器的尺寸、高度及定位。

6）接线端子板材质及详细尺寸，端子板应360°现场可调。

7）端子箱、机构箱等箱体尺寸、高度及定位，并投影出电缆进线孔的大小及位置。

8）套管带电部分与周围接地部分或其他带电部分的安全净距。

9）应采用列表编号的形式注明各主要部件，如分接开关、瓦斯继电器、油面温控器、压力释放阀、在线监测阀、局放监测阀等位置及对应名称。

10）油箱本体接地端子位置、高度及尺寸。

11）设备厂家提供的图纸中应注明设备本体、铁芯、夹件接地位置，接地数量及接地要求应满足交流电气装置的接地设计规范的要求。

12）需提供投标文件、订货合同、技术协议、监造报告、励磁特性曲线、电磁场计算报告、同类产品突发短路试验报告或抗短路能力计算报告、直流偏磁耐受能力核算报告、抗震计算报告、三侧满负荷下的温升计算报告，以及变压器起始负荷（50%～80%）、本体温度（10℃～40℃）过负荷倍数（1.1～1.5）情况下的过负荷曲线，同时还需提供主附件相应的信息和内部构件材料信息、

主变潜油泵轴承制造等级证明材料以及套管接线端子强度、材质、拉力测试等质量检验报告（按照国家标准执行）。按照《电力变压器及电抗器通用技术规范》要求开展密封性试验。以上资料通过出厂资料形式提供。

13）需提供储油柜在不同工况下的油面核算报告，储油柜容积应满足在当地极限环境温度下不同工况的运行要求，变压器在最低环境温度不运行时不出现低油位告警；变压器油面温度为 85℃时不出现高油位告警；在极限环境温度下正常运行不出现油位过高或过低，避免发生冬夏时反复加油、放油的现象。储油柜油位刻度应细化。

（2） 接地。

变压器铁芯、夹件必须由小套管引出，经绝缘子固定引至地面时采用 50mm×5mm 铜排单独可靠接地，严禁通过外壳接地。另提供 2 个绝缘子备品。引下铜排涂黄绿相间漆。小套管侧至接地铜排、接地铜排至主地网之间采用软连接，接地铜排中段采用热缩的多股铜绞线（或电缆）“桥接”可靠接地（截面积满足要求），便于带电检测和停电（打开）绝缘测试，不得采用经小刀闸接地，避免铁芯、夹件接地开路，引发变压器故障。接地铜排至主地网之间的软连接由施工单位提供。铁芯电流传感器应考虑在其测量范围内的精度要求，要满足不停电更换的要求。

设备厂家提供的不锈钢槽盒应做跨接，跨接材料应采用多股软铜线，颜色为黄绿外皮。

设备底座以上接地材料由设备厂家负责，底座以下接地材料由施工单位负责。

（3） 电缆及其敷设。

设备厂家提供的电缆应满足本工程环境使用要求，电缆的规格、型号应经过检测合格，全站统一要求。设备厂家应提供满足最新金属质量监督要求的不锈钢电缆槽盒，本体上不得出现电缆外露的情况，不锈钢槽盒应延伸至油池盖板以下。

设备厂家需在提供图纸时按设计单位要求的格式提交厂供电缆清册。厂供电缆规格、型号配合设计院应全站统一要求，长度由厂家自行确认。

（4）机构箱、端子箱（如加热器、防风沙等）。

设备厂家提供的设备及元器件必须全部满足最低温环境的要求，包含低温启动、低温备用、低温检修、低温运行等所有运行方式，如不能满足，厂家应为设备设计升温、保温措施；油温表计量程、所有表计、继电器、二次电缆的性能应满足最大温差、最高温度及最低温度环境下的使用要求（－40℃～120℃）；机构箱（不含调压机构箱）和端子箱应具有良好的密封性能，应采用双重保温结构，柜内附带加热功能及温控装置，当温度低于0℃时自动启动，保证柜内温度不低于0℃，加热器功率应能满足极低温度下的运行要求；温湿度控制器为可调数显式。各类箱体不得挂在设备本体上（高压并联电抗器），应安装在基础上；各防雨罩材质应满足（304不锈钢）材质要求。

（5）油色谱（光谱）柜、智能组件柜、风冷柜等落地柜体。

设备厂家提供的设备及元器件必须全部满足最低温环境的要求，包含低温启动、低温备用、低温检修、高温运行、低温运行等所有运行方式，如不能满足，厂家应为设备设计升温、保温措施；油温表计量程、所有表计、继电器、二次电缆的性能应满足最大温差、最高温度及最低温度环境下的使用要求；油色谱柜（外部管路应有伴热带及保温措施，且管路不能过电缆沟）、汇控柜、智能组件柜、风冷控制柜、应具有良好的密封性能，应采用双重保温结构，配置制冷制热空调，所有空调温湿度满足上传站内后台。含二次元器件的仪表箱应具有良好的密封性能，应采用双重保温结构，柜内附带加热功能及温控装置，当温度低于零度时自动启动，保证柜内温度不低于零度，加热器功率应能满足极低温度下的运行要求；温湿度控制器为可调数显式。所有落地柜体的防护等级为IP65（除高压并联电抗器仪表箱），挂于本体的端子箱和高压并联电抗器仪表箱满足不低于IP55。若为双层门，双层门内门需要设置观察窗。IP65防护等级柜体须有第三方检测报告。

（6）其他要求。

1）变压器本体上、中部取油样阀，应与下部取油样阀设置在同一水平高度处，高压并联电抗器本体上、中、下部取油样阀需设置在器身同一面，高度保持在 0.5～1.2m（平均分布三个取样阀），上、中部取油样应有具体说明放油、取油量值，便于取现分析。上、中部取油管路应设置在本体内部。取样阀密封性能应保证与其主设备使用寿命一致，即频繁开启、关闭（按每年不少于 20 次考虑）不得出现密封不良渗漏油缺陷。变压器取油阀位置应无其他附件设备阻挡。变压器取油阀前设置阀门便于更换取样阀。

2）油色谱在线预留接口在本体汇流管路附近，便于及时采集到“新鲜”油量，变压器的进油口和取油口需布置在不同高度，接口大小与在线监测装置厂家配合。安装特高频局放在线检测装置接口（至少 2 个），不能使用闸阀。油色谱在线监测的主后台配置及二次组网方案在二次设联会时确定。

3）变压器本体所有法兰、蝶阀、套管升高座、散热器、储油柜、分接开关、端子箱、电缆槽盒等连接处均应有跨接接地线，以保持良好的电气通路。

4）压力释放装置引下至格栅与卵石层之间，压力释放阀动作后不应受防护罩、下部延长管路瓶颈的影响，应有明显动作标识，并不被防雨罩遮挡。压力释放阀与本体间应设置阀门，在阀门上、压力释放阀下之间高位布置排气孔。压力释放阀下部至箱盖之间管路高（长）度应有限制，防止压力释放过程中产生瓶颈效应。事故排油阀增设朝向地面的弯头（斜角 45°），引下至格栅以上 20cm，事故排油阀弯头盲板盖板为易碎材质。

5）瓦斯继电器靠油枕侧应有金属波纹管，瓦斯继电器两侧应装有蝶阀。瓦斯均带有采气盒及引下管路，引下管路采用高压管并具有防护措施，应有可靠固定的路径。瓦斯继电器与取气盒之间设置阀门。

6）主变压器本体上预留感温电缆的固定措施，由设计单位提供布置要求（后续在消防方案时确定）。

7）本体顶部应设有Φ80 抽真空接口，并配有钢板蝶阀。

8）套管的油位计须满足最高、最低温度时的油位变化范围，斜装套管选型应满足新疆地区高温差环境下，可以正常观测油位，不得出现满油位，推荐套管直立安装，主变压器、高压并联电抗器的高压套管油位观察窗采用双观察窗结构，且下观察窗油位可直视。低压套管观察窗采样大量程观察窗，高度不低于储油器的2/3。

9）主变压器每组冷却器应有独立的放气塞，潜油泵两侧应装有蝶阀，并在高位处设计排气孔，以便能够实现带电情况下更换潜油泵后，可将管路中的气体排出。本体冷却器组下方端子接线盒（盒内仅保留端子），空间应足够；应有清晰的功能作用标示，电源线截面选型应根据潜油泵、风机容量独立设计。

10）升高座到分支集气管路之间管路要求采用高压软管连接过渡，同时在750kV套管升高座分支集气管路倾斜设置，水平设置Φ25或Φ50的瓦斯继电器，实现主变压器本体升高座局部非电量保护。

11）变压器本体附带油中含水量、铁芯接地电流监测装置，高压并联电抗器本体附带油中含水量、内容和明细，详细说明传感器类型、数量，组成原件及质保期，后台工控机信息等。

12）各处阀门要有中文或英文标示牌，应能在外部直观可见。明确单方向开启、关闭的方向及位置。

13）主变压器和高压并联电抗器设备加装上人时防高坠措施，在变压器顶部预留挂安全带的地方。主变压器本体爬梯两米以上应装有防止人员高空坠落的护笼（《安规》规定），爬梯加装护笼和门锁，并设置接地件。变压器本体爬梯加装防护门，装防误门锁，考虑减振措施。离地高度超过2m的观察窗或端子箱等应设计检修爬梯。爬梯向上延伸高出箱体，并在伸出处设置弯钩。

14）变压器本体电缆采用不锈钢槽盒敷设。厂家提供变压器本体端子箱至油坑的引下不锈钢电缆槽盒（设计单位在资料交换阶段确认埋管位置）。

15）出厂时，外表面应油漆一新，在现场安装调试完成后，供应商重新对变压器、高压并联电抗器进行整体喷漆。

16）厂家增加气体继电器替换用联管一件，供抽变压器真空时使用，可安装电子式真空计接头的抽真空弯管。

17）落地端子箱的配置：高压并联电抗器端子箱全部采用落地式布置。主变压器每相一面风冷控制柜，风冷控制柜均应配置空调（若是PLC控制，考虑现场实际风机投入与 PLC 的配合，PLC 故障时可手动操作），每相一台油色谱在线监测柜，三相共用一面汇控柜，智能控制柜按设计需要配置。请厂家提供各种落地箱基础图，基础图中应包括设备重量、外轮廓尺寸、底部开孔尺寸及相对位置、安装方式等信息。落地箱子（风冷控制箱、总控制箱）深度和高度应统一。

18）厂家提供本体仪表箱、端子箱、调压机构箱电缆孔（如有）准确位置，并在主变压器基础图上标示出所有外引电缆接口的准确投影位置，以便于设计单位准确预埋电缆保护管。端子箱设计应合理，端子箱应能散热良好、防雨、加热驱潮（不设空调），并有足够的空间，端子箱防护等级应满足 IP55，材质为 304 不锈钢，变压器、高压并联电抗器设备铭牌材质为 304 不锈钢。并提供相应的试验报告。满足技术监督规范要求。

19）主变压器风冷控制柜尺寸应满足Ⅰ段，停电检修应不妨碍Ⅱ段正常使用，应满足全负荷切换，连接端子搭接面积应满足通流要求，风机全投不应有过热情况发生，可以满足带电更换空开及接触器要求。

20）变压器盲板应完整移交，并在各盲板上进行不脱落标记（确认盲板安装位置），并提供盲板移交清单。

21）在运输过程中，主变压器、高压并联电抗器、中性点小电抗器、750kV 高压套管应按照相应规范安装具有时标且有合适量程的三维冲击记录仪（2 套不同厂家不同工作原理）。主变压器就位后，制造厂、运输部门、用户三方人员应共同验收，记录纸和押运记录应保存移交。

22）主变压器安装、检修后处理套管柱头及引线搭接面，并测试接触电阻，防止接头发热。参见《国网新疆电力公司运检部关于印发 2017 年电网设备反事故措施的通知》（电运检函〔2017〕95 号）。低压套管至汇流管母应用软导线直接连接，避免电气接头过多造成发热。

23）220kV 及以上电压等级套管应采用导管式（电容芯子卷制管直接载流）油纸绝缘电容式全密封套管（不进本体变压器油和套管电容芯子自身的油），不使用穿缆（杆）式套管，避免因顶部将军帽连接处密封及接触不良，导致受潮和发热等异常。参见《国网新疆电力公司运检部关于变压器（电抗器）

相关附件安全技术要求的通知》（电运检函〔2017〕3 号）。

24）导管式全密封套管，要求套管载流导管空腔不得与变压器本体变压器油相通，即变压器整体安装完毕后，本体变压器油不得进入到套管载流导管空腔。杜绝套管顶部（将军帽）密封不良，雨水潮气经套管载流导管空腔进入变压器引发绝缘故障。参见《国网新疆电力公司运检部关于变压器（电抗器）相关附件安全技术要求的通知》（电运检函〔2017〕3 号）。

25）变压器运行中震动相对较小，套管油侧尾端均压球安装推荐采用螺杆、碟形垫片直接压死固定方式，如若采用弹簧柱旋转弹压固定方式，需注意螺杆、轴套、弹簧、法兰盘（四件套）之间的相互配合公差，并在套管接线端子与均压球之间，辅助增加连接等电位线，实现套管接线端子与均压球的可靠连接，避免造成悬浮放电异常。参见《国网新疆电力公司运检部关于变压器（电抗器）相关附件安全技术要求的通知》（电运检函〔2017〕3 号）。

26）750kV 及以上变压器绝缘件（绝缘纸板、垫块、电缆纸等）必须选用性能可靠的产品部件，其中尤为重要的绝缘成型件（出线成套装置、角环等）必须选用性能优良的产品。参见《国网新疆电力公司运检部关于变压器（电抗器）相关附件安全技术要求的通知》（电运检函〔2017〕3 号）。

27）110kV 及以上变压器绕组线圈必须采用自黏性矩形截面铜导线，提高变压器抗短路能力。参见《国网新疆电力公司运检部关于变压器（电抗器）相关附件安全技术要求的通知》（电运检函〔2017〕3 号）。

28）瓦斯继电器位置应便于观察。

29）主变压器、高压并联电抗器高压套管采用双末屏。高压套管均压环固定方式不得采用套管顶部油枕密封螺栓，需独立固定。

30）为防止油流继电器长时间运行后，挡板弹簧松弛导致指针来回摆动，建议采用可调整弹簧松紧的油流继电器。

31）主变压器 66kV、220kV、750kV 电容型套管，高压并联电抗器高低压套管应提供出厂、交接绝缘油试验报告。安装前（设备厂取样送检）、耐压后（设备厂取样，施工单位送检）均取油试验。

32）高压并联电抗器本体接线板应为厚度加强型金具，满足运行要求，防止金具变形。

33）本体储油柜与气体继电器之间不应安装断流阀（逆止阀）。

34）厂家提供落地柜体深度和高度需统一。

35）厂家提供 750kV 套管专用吊具 1 套（含吊带）。

36）本体气体继电器均采用双浮子（两重两轻，5 对节点）带挡板结构且上浮子、下浮子、挡板各个功能节点分别均为独立节点、无机械连锁。

37）220kV 及以下变压器（电抗器）密封材料应采用低温丁腈或丙烯酸酯橡胶，推荐使用氟硅橡胶；750kV 变压器（电抗器）密封材料必须采用氟硅橡胶（套管不做要求）。参见《国网新疆电力公司运检部关于变压器（电抗器）相关附件安全技术要求的通知》（电运检函〔2017〕3 号）。

38）变压器（高压电抗器）器身底部应分别设置事故放油阀和检修用注放油阀，事故放油阀应采用优质阀门（球阀），若出现现场漏油，设备厂负责免费更换，事故放油阀非紧急情况不得开启及关闭。

39）变压器（高压电抗器）油纸电容式高压、中压套管应垂直于地面布置，防止胶圈单向长时受力造成破损。

40）注油设备在出厂前，需厂家在厂内保存 15 天，每 5 天进行油样试验（750kV 变电站内 750kV、66kV 设备）。

41）主变压器本体消防喷淋管道应合理设计，均匀布置，避免影响主变压器本体及附件检修、维护，影响高空作业装备摆放使用（设计）。

42）主变压器、高压并联电抗器中性点接地处应设置围栏。

（二）二次部分

（1）每组主变压器本体设置 1 面主变压器本体智能控制柜，智能控制柜柜面布置、尺寸、颜色、制造标准、接线端子型号及其他技术参数符合设计单位全站统一设计要求。组件柜壳体应留有接地端子，以便使用专用接地线连接。

（2）主变压器本体智能控制柜（带空调）内配置以招标文件为准。

电流互感器配置情况

位置	规格型式	功能	备注
高压侧套管电流互感器	2000～4000/1A 15/15/15/15VA 0.2S/5P30/5P30/5P30	备用/录波（A、B）/安稳 A/安稳 B	测量级、计量级带抽头，同时应配置高压侧过负荷启风冷的电流绕组
中性点套管电流互感器	2000～4000/1A 15/15/15/15VA 0.2S/5P30/TPY/TPY	测量/录波（A、B）/ 主变压器保护 A/ 主变压器保护 B	测量级、计量级带抽头， $K_{ssc}=30$
中压侧套管电流互感器	2500～5000/1A 15/15/15/15VA 0.2S/5P30/5P30/5P30	备用/录波（A、B）/ 安稳 A/安稳 B	测量级、 计量级带抽头
66kV 侧套管电流互感器	5000/1A　15/15/15/15VA 0.2S/5P30/TPY/TPY	备用/录波/主变压器保护 A/ 主变压器保护 B	测量级、计量级带抽头， $K_{ssc}=30$

（3）本体智能控制柜内交、直电源系统空开设置由设备集成商按需提供。

（4）二次部分智能控制柜由设备集成商统一布置，需考虑内部设备布局美观，安装、调试方便，综合布线清晰，外形统一。厂家布置需满足新六统一的设计规范。

（5）本体智能终端应能接入所有的本体油温、绕组温度、控制柜温度、湿度等模拟量。主变压器、高压并联电抗器非电量智能终端轻瓦斯除具备告警功能，还应具备投入跳闸功能。

（6）电气二次接口部分符合《国家电网公司输变电工程通用设备（2022版）》的要求。

（7）在设备厂家二次资料认可过程中，设备制造厂家应配合设计方的工作，按照设计方的要求，相应调整其产品二次部分设计，且图纸工程名称标注应准确一致。

（8）继电器配置应满足国网招标技术规范通用部分的要求。气体继电器、压力释放阀、油流继电器，带远传或控制的温度计、油位计、各类控制箱（操作和控制风机、油泵、电动阀等）不仅要有出厂合格证，还须有含主要功能特性出厂试验整定值的出厂文件。

（9）主变压器绕组测温 TA 由厂家提供，过负荷启动风冷、闭锁有载调压由主变压器本体实现。

（10）主变压器非电量、出口继电器动作功率不低于 5W。

（11）主变压器水喷雾灭火系统启动方式应为：两个独立回路的火灾探测装置动作、主变压器断路器跳闸才能启动水喷雾消防系统。

（12）装置电源空气开关应带有报警接点（两对），便于空气开关跳闸后及时向后台发送信息［含油色谱（光谱）电源空气开关］。

（13）冷却器控制箱内部空开汇流母排，应满足全部冷却器运行容量要求。

（14）本体套管 TA、瓦斯、释压器、温控器、速动、油位等继电器二次接线盒处以及非电量的二次线应该做好防雨雪、防震措施，具备可靠有效防护罩，同时应增加防凝露措施，每个接线柱配置各自独立的绝缘升高座。接线盒的尺寸应考虑充分，避免接线盒进水引起的接线端子短路或其他问题。设备附件之间不能存在遮挡，避免检修时拆卸困难。

（15）风冷控制回路中需要整定的继电器，厂家应提供具体的整定原则，过塑后贴在柜门内。

（16）本体的非电量保护由本体至就地端子箱的连接电缆不应使用转接端子盒（油位计的连接电缆根据油枕的型式确定）。

（17）冷却器控制箱进线电源的线径及接线端子应有足够的裕度，并保证压接工艺，同时提供 20 组接线端子、线鼻子作为备品备件。各类端子应满足载流量的要求，端子的大小应与电缆线芯匹配。

（18）本体端子箱内加热电源与温度变送器电源分开，在主变压器的直流回路中，各个控制回路的电源应相互独立。

（19）冷却器控制箱内具有温度调节功能，保证所有空开及接触器正常运行。

（20）油面、绕组温度计采用性能稳定的温度计，出厂前须经厂内检测并出具报告。

（21）强油循环风冷变压器中潜油泵和风机应能实现单独分别控制。在变压器负荷、油温不高的情况下，能够实现强油循环自冷，满足冬季单独启动潜油泵，风机不运转的功能，以延长变压器冷却系统附件使用寿命。冷却器接触器容量应按电机额定电流的 1.5 倍进行配置。

（22）汇控箱、端子箱内照明灯具应使用 LED 灯具。

（23）变压器油温表、绕组温度表应具有 –40℃～120℃量程。

（24）变压器风冷自动控制系统应能满足随负荷或油温升高（降低），相应递增（减）投（退）风机功能策略，降低人员操作风险和劳动强度。

（25）主变压器风冷汇控柜内两路电源设计为中间经刀闸联络方式，实现拉掉任一路电源后，可停电更换电源进线空气开关、接触器。

（26）主变压器风冷全投情况下，风冷控制柜空调投入运行后始终保证柜内温度低于环境温度。

（27）变压器冷却系统的工作电源应有三相电压监测，任一相故障失电时，应保证自动切换至备用电源供电。

（28）主变压器本体端子箱、汇控箱（如无空调应考虑）内应有完善的驱潮装置，防止凝露造成二次设备损坏。主变压器本体端子箱、汇控箱、风冷控制箱内应设两种加热器电源：一种为驱潮设计，小功率、长期投入；另一种为加热电源，大功率、在温度低于设定值投入。端子箱、汇控箱、风冷控制箱内的交、直流接线不得接在同一段端子排上。加热、驱潮、照明分别控制，应配置独立的空气开关。

（29）强油循环的冷却系统必须配置两个相互独立的电源，并采用自动切换功能。强油循环结构的潜油泵启动应逐台启用，延时间隔应在 30s 以上。

（30）主变压器本体至端子箱、本体端子箱至三相汇控箱的电缆应有备用芯，数量大于 20%，且不少于 2 芯。A、B 套保护不能共用电缆。

（31）根据《国家电网有限公司关于印发十八项电网重大反事故措施（修订版）的通知》（国家电网设备〔2018〕979 号）要求：气体继电器至保护柜电缆应减少中间转接环节，故气体继电器的两根电缆需直接从继电器引至主变压器智能终端柜。

四、组合电器（GIS/HGIS）

（一）一次部分

（1）设备设计制造、装配、试验、运输等要满足《关于印发〈关于加强气体绝缘金属封闭开关设备全过程管理重点措施〉的通知》（国家电网生〔2011〕1223 号）、《气体绝缘金属封闭开关设备（GIS）安装作业指导书编制要求的通知》（国家电网基建〔2016〕542 号）中适用于 GIS/HGIS 的条款要求。供货产品满足国家电网公司物资采购标准 750kV 组合电器通用及专用部分技术规范。

（2）GIS/HGIS 平面应参照招标文件附图布置，注意美观，分支母线避免与架构相撞。如相邻两间隔设备布置太密集，应与设计单位协商，调整间距，保证机构箱处有足够的操作空间。以设计确认图纸为准。

（3）制造厂应提供基础预埋件的位置、尺寸及荷载，爬梯、检修平台等附属设施基础的预埋件也应体现在基础图中，且预埋件不允许置于电缆沟上。厂家提供 GIS/HGIS 外廓尺寸。750kV HGIS 应设置爬梯及操作平台，应提供爬梯接地点位置，并设置明显的接地。平台的地脚螺栓尽量避开电缆沟位置，避免增加沟盖板承重。220kV HGIS 设置固定检修平台（爬梯），满足运维人员巡视和检修要求。

（4）制造厂应提供 GIS/HGIS 接地点的数量及精确定位，包括设备本体支架引下接地及套管跨接引下接地。GIS/HGIS 设备套管属于重要设备，其支架处须设置对应的两处接地端子。全封闭组合电器的外壳应按制造厂规定接地。

（5）为满足 GIS/HGIS 母线热胀冷缩，厂方应通过计算设置伸缩节，伸缩节应设置柔性跨接。提供图中应明确示意伸缩节具体位置、活动范围、方向，以便设计 GIS/HGIS 基础时，伸缩缝位置与母线伸缩节位置统一。运行伸缩节（非安装伸缩节）应设置标尺。

（6）GIS/HGIS 需由厂家提供远景扩建过渡方案。扩建过渡方案应提供完整的电气和土建接口，本期实施土建部分。扩建过渡方案应保证本期设备的安全可靠运行和后期的扩建便利且保证扩建时间最短。

（7）SF_6 气体密度继电器与本体之间的连接方式应满足不拆卸校验的要求。分箱结构的断路器每相应安装独立的密度继电器。密度继电器等仪表应便于运行人员观察读数，且朝向一致。220kV HGIS 气体引出管路应有防抖动措施，颜色为黄色（不锈钢除外）。户外安装的密度继电器应设置防雨罩，保证指示表、控制电缆接线盒和充放气接口均能够得到有效遮挡。隔离断口处必须为独立气室，配独立密度表。断路器 SF_6 密度继电器应放置与断路器同一运行环境，不得放入带有加热的机构箱内，密度继电器采用无源接点，容量与保护回路相匹配；SF_6 密度继电器应满足不拆卸表计校验功能；SF_6 密度计应进行抗震试验，并出具相应的抗震试验报告。混合气体的 SF_6 断路器必须采用混合气体的 SF_6 密度继电器。密度继电器应采用航插式，满足不拆线进行表计更换的要求。HGIS SF_6 气体密度继电器高度不高于 1.8m。

（8）GIS/HGIS 本体上挂装的箱体的外壳应为 IP55 的防护等级，并有相关第三方权威检测报告。箱体建议安装双层门设计，均应设置黄绿软铜线接地线。

（9）机构（箱）加热装置宜使用硅橡胶加热板（非强制性要求），运行业绩良好及相关业绩证明。本站低温设计按招标文件要求执行，GIS/HGIS 断路器气室需加装伴热带来应对最低气温，其他气室当能满足低温条件下设备的安全可靠运行时，可不设置伴热带。户外传感器需采集户外环境温度。

（10）机构的动作计数器、打压计数器均不能归零。

（11）机构（箱）内加热器应能满足极低的温度下运行要求，采用能够适用于宽温的润滑脂，不板结，保证机构传动部分的轴密封可靠，汇控柜（机构箱）内温控器可手动、自动切换，启动和停止温度可进行调整的数显温控器，加热器与各元件、电缆及电线的距离应大于 80mm，不应发生把二次线烤变色情况。

（12）应提供完整的运输封板及套管吊具，应提供专用的充气接头一套（带管路、减压阀）。

（13）制造厂应提供接地点的数量及精确定位位置，接地采用预埋件接地方式。接地件及 GIS/HGIS 设备部分的接地铜排（成品件）及安装附件均由厂家提供。每个气体隔室的壳体应互联并可靠接地，接地回路应满足断路器动热稳定要求。外壳框架等的电气连接宜用紧固连接，以保证电气连通，接地点应标以接地符号。紧固连接时，接地螺栓不少于 4 个 M12 螺栓或 2 个 M16 螺栓。GIS/HGIS 设备接地应防止外壳产生危险感应电压，感应电压不应超过 24V。应防止外壳环流产生局部过热。

（14）应考虑安装、巡视、检修的方便性，220、750kV HGIS 装设检修平台和巡视便桥。辅助设施的接地厂家应按照主设备要求同时考虑在内。

（15）组合电器在设计过程中应特别注意气室的划分，气室划分原则满足反措要求，避免某处故障后劣化的 SF_6 气体造成组合电器的其他带电部位的闪络。

（16）设备本体至汇控柜电缆采用铠装电缆，由厂家提供，施工单位负责敷设、接线、挂牌。本体电缆厂家采用 304 不锈钢槽盒敷设。电缆槽盒应做接地跨接，符合验收要求。

（17）接地设计。

1）GIS/HGIS 设置辅助地网，辅助地网采用铜材。设计单位向设备厂家提供主地网相关参数、土壤分布情况等，设备厂家根据上述情况进行辅助接地网设计，满足《交流电气装置的接地设计规范》（GB/T 50065—2011）要求。

2）地网的接口：采用基础上预留接地块的接地方式，施工单位负责基础接地块与水平地网之间的接地引下线及安装，从设备本体到接地块之间的接地引下线由设备厂家提供；预埋接地块以上部分的设备跨接接地用材料等均由设备厂家提供。

3）TV、快速接地开关应采用专用接地铜排接地，不应通过罐体外壳和支架接地，高度超过 1m 的接地引下线应设置固定措施。

4）GIS/HGIS 配电装置宜采用多点接地方式，分相式的 GIS/HGIS 外壳（特别是额定电流较大的 GIS/HGIS 的容管处）应在两端和中间（可根据母线的长度确定中间接地点的数量）设三相短接线，其截面应能承受长期通过的最大感应电流和短时耐受电流，套管处三相汇流后不直接接地，而是分别通过外壳接地，其他位置从三相短接线上引出与接地母线连接，其截面应满足短时耐受电流的要求。厂家提供 GIS/HGIS 母线壳体三相跨接的位置以及套管处三相汇流排材质和截面，材料均由厂家提供。

5）铝质壳体与铜质导流排间需设铜铝复合垫，材料由厂家提供。接地引下线与铝质壳体连接处搪锡。

6）厂家设备上不同接地点应按功能进行标示。

（18）设备设计要求。

1）开关本体与传感器应进行一体化设计。为便于开展运行中局部放电检测工作，制造厂在产品设计时应按照招标文件要求位置在隔室内预设电极。电极的设计要求和性能参数应满足国家电网公司企业标准《气体绝缘金属封闭开关设备特高频局部放电传感器现场检验规范》（Q/GDW 11282—2014）的要求，并需与用户和局放测试仪器厂共同协商确定。电极的设置不得影响断路器的内部电场分布，并应有可靠措施保证测试人员的人身安全。在断路器便于检修的位置应分相设置局放传感器探头。

2）密度继电器与断路器本体之间的连接方式应满足不拆卸校验的要求。SF_6 密度继电器应布置在易于观察的位置，朝向巡视通道，不得有除设备本体外的遮挡物。户外安装的密度继电器应设置 304 不锈钢防雨罩，密度继电器防雨箱（罩）应能将表、控制电缆接线端子一并放入，防止指示表、控制电缆接线盒和充放气接口进水受潮。

3）吸附剂罩的材质应选用 304 不锈钢或其他高强度材料。吸附剂罩应与罐体安装紧固，吸附剂的成分和用量应严格按技术条件规定选用。不锈钢材质和厚度需满足金属技术监督的相关要求。

4）操作机构若高于 2m，需加装固定式或移动式检修平台。

5）GIS 母线检修接地开关类型由厂家根据自身产品结构形式设置，应满足相关规范要求。

（19）工厂装配和试验。

1）制造厂应加强绝缘件和套管的质量控制。由制造厂装配完成，出厂前按要求进行工频耐压和局放试验，并将试验结果随出厂试验报告提交用户，并由最终用户现场监督试验过程。

2）制造厂应严格按工艺文件要求涂抹硅脂，避免因硅脂过量造成盆式绝缘子表面闪络。

3）GIS/HGIS 装配时，制造厂应对 GIS/HGIS 内部的螺丝进行反复拧卸，并彻底清洁螺孔内的金属物，避免其落入罐体内发生放电。

4）断路器、隔离开关和接地开关出厂试验时应进行不少于 200 次的机械操作试验，以保证触头充分磨合。200 次操作完成后应彻底清洁壳体内部，再进行其他出厂试验。

5）GIS/HGIS 出厂绝缘试验应在装配完整的间隔或尽量完整的间隔上进行，252kV 及以上设备还应进行正负极性各 3 次雷电冲击耐压试验。

6）为防止盆式绝缘子老化和绝缘性能下降，GIS/HGIS 可采用带金属法兰的盆式绝缘子，但应预留窗口便于进行特高频局放检测。盆式绝缘子的颜色按照通盆绿色、止盆红色确定。

（20）设备运输、安装。

1）运输时，应在每个断路器、电流互感器运输单元上加装三维冲击记录仪，其他运输单元加装震动指示器。运输中如出现冲击加速度大于 3*g* 或不满足产品技术文件要求的情况，产品运至现场后应打开相应隔室检查各部件是否完好，必要时可增加试验项目或返厂处理。

2）现场安装时，应保证绝缘拉杆、盆式绝缘子、支持绝缘件的干燥和清洁，不得发生磕碰和划伤，应按制造厂技术规范要求严格控制其在空气中的暴露时间。

3）新的 SF_6 气体充装前，厂家应提供第三方检测报告。

4）设备设计制造、装配、试验、运输等要满足《关于印发〈关于加强气体绝缘金属封闭开关设备全过程管理重点措施〉的通知》（国家电网生〔2011〕1223 号）中的条款要求。

（21）密度继电器等仪表应便于运行人员观察读数，且朝向一致。

（22）本体电缆厂家采用 304 不锈钢槽盒敷设。

（23）断路器套管接线端子及均压环需采用便于接线的设计。

（24）断路器位置指示器均应朝向巡检通道。

（25）GIS/HGIS 支架表面处理为热镀锌。

（26）设备采用的固定方式应能满足抗震要求。

（27）设备厂家应在出厂前及送电前将液压机构的液压油进行全部更换处理。

（28）断路器机构（箱）、汇控箱内部接触器、继电器均应加装防误碰罩，不能用凸点式继电器。

（29）按照《国网新疆电力公司运检部关于西开断路器机构专项隐患排查治理工作的通知》（电运检函〔2017〕119 号），液压碟簧机构未经改进的不得继续入网，需提供碟簧缸体金相检测报告。新安装液压机构断路器必须提供所注入液压油的检测报告或现场每台机构取油检测。

（二）二次部分

（1）750kV、220kV 每组断路器设置 1 面断路器智能控制柜。智能控制柜柜面布置、尺寸、颜色、制造标准、接线端子型号及其他技术参数符合设计单位按区域统一设计，智能控制柜由一次设备生产厂家统一布置，需考虑内部设备布局美观，安装、调试方便，综合布线清晰，外形统一。组件柜壳体应留有接地端子，以便使用专用接地线连接。

断路器智能组件柜（具体工程根据实际情况确定）

元件名称	规格型式	数量	制造商	备注
断路器智能组件柜		1		
智能终端		2		
高密度免熔接光纤配线架		待定		配合安装
局部放电监测传感器		3		内置于本体
油中含水量监测		0		

续表

元件名称	规格型式	数量	制造商	备注
铁心接地电流监测		0		
避雷器智能 IED（电压采集装置）		待定		由一次厂家预留安装位置并完成组屏，设计单位确认
空调		1		户外工程配置空调，户内站根据实际情况确定
SF_6 远传数字化监测终端、集线器		按需		

TV 智能组件柜（具体工程根据实际情况确定）

元件名称	规格型式	数量	制造商	备注
TV 智能组件柜		1		
智能终端		1		
高密度免熔接光纤配线架		待定		配合按照
避雷器在线监测装置		待定		由一次厂家预留安装位置并完成组屏，设计单位确认
空调		1		户外工程配置空调，户内站根据实际情况确定

（2）750kV、220kV 汇控柜分别设置断路器远方/就地切换开关及分/合闸把手；智能控制柜上的就地分、合闸操作经智能终端出口。

（3）分相断路器操作机构在汇控柜设置电机电源三相总空气开关及分相空气开关，总空气开关与分空气开关满足级差配合要求。

（4）断路器就地操作不配置五防锁具。

（5）断路器跳、合闸压力异常闭锁功能应由断路器本体机构实现，并应提供两组完全独立的压力闭锁触点。

（6）为防止三相不一致保护时间继电器或出口继电器受潮、误碰、受损等原因导致断路器误动作，应在跳闸出口回路处串入断路器辅助接点。同时使用出口回路的辅助接点与启动非全相跳闸回路使用的断路器辅助接点应使用同一机构处的辅助接点，防止 750kV 断路器液压漏油导致接点闭合非全相保护误动作。

（7）新投的分相弹簧机构断路器的防跳继电器、非全相继电器不应安装在机构箱内。

（8）GIS/HGIS 设备内部的电气闭锁由设备厂家根据国网新疆电力公司的相关要求完成。

（9）每面智能汇控柜配置 5 路直流电源，分别为：

1）智能终端 1 装置电源；

2）智能终端 2 装置电源；

3）智能终端 1 操作电源（断路器机构控制电源一）；

4）智能终端 2 操作电源（断路器机构控制电源二）；

5）信号报警电源。

（10）刀闸的就地控制回路中，串接电气闭锁接点，相关开孔配线等在厂家出厂前实现；智能终端的“控制允许”接点（从测控装置经 GOOSE 网发来），不接入控制回路中，也不设置“控制允许”的解除开关，智能终端仅保留该接点（远方控制采用电气闭锁及间隔五防闭锁，机构箱控制采用电气闭锁）。电气闭锁原则按照国网新疆超高压分公司下发的《750kV 变电站典型电气闭锁原则》执行。电气闭锁采用零线闭锁（若前期采用火线闭锁，则提前与运检公司确认）。

（11）机构箱内空气开关配置应满足与馈线屏（动力箱）供电开关的配合需求。

（12）机构箱内辅助开关使用优质品牌。应使用优质端子排，并留有 20% 的备用端子。

（13）隔离开关（三相联动机构、单相电源电机除外）机构内应有电动机缺相保护功能，用于监控后台的信号（位置信号）接点数量不少于两对。机构内应有过载保护功能，过载保护定值满足规程规范要求。

（14）二次回路中，控制电源应在电机电源空气开关节点之后取电，现场不能出现电机电源不带电，控制电源带电现象，容易造成误操作。

（15）GIS 智能汇控柜采用交流敷设按间隔供电，伴热带加热电源回路和柜内其余二次回路完全分开布置。

五、断路器

（一）一次部分

1. 图纸

（1）供货产品满足国家电网公司物资采购标准相关断路器通用及专用部分技术规范。750kV 断路器装有 400～600Ω 合闸电阻，电阻的投入时间为 8～12ms。

（2）厂家需在提供图纸的同时，提供所有厂供电缆的清册。

2. 接地

（1）制造厂应提供接地点的数量及精确定位位置，接地点采用直接引下形式，断路器接地点至主地网的接地材料由施工单位负责提供并安装。

（2）断路器、隔离开关、TA、TV 等所有一次设备构架需双接地，所有落地柜体双接地。

（3）各电气设备、箱体、柜体接地端子应与本站接地线尺寸配合，由设计单位确认相关要求。

（4）断路器外壳应按制造厂规定接地。

（5）机构箱、端子箱门双层门均应设置黄绿软铜线接地线。

（6）各落地式端子箱外壳应留设双接地端子，预留 2×M16 的螺栓孔，接地端子型式由设计单位统一（50×5 镀锡铜排，接地端子尺寸，长 100mm 宽 50mm，2Φ18，孔间距 50mm），最终材料及开孔以施工图为准。落地安装的本体端子箱内等电位铜排也需用截面积不小于 100mm^2 的铜缆接至等电位地网。

（7）由断路器本体机构箱至就地端子箱之间的二次电缆的屏蔽层应在就地端子箱处可靠连接至等电位接地网的铜排上，本体机构箱侧不接地。

（8）设备厂家提供的电缆槽盒应做跨接（检修平台需做跨接），符合验收要求。表计应朝向巡视步道，方便巡视观察。

3. 电缆及其敷设

（1）电缆敷设原则：低压动力电缆、控制电缆和通信电缆可同沟敷设。各类电缆在同一通道内的同一侧多层支架上敷设时，动力电缆、强电至弱电的控制和信号电缆、通信电缆顺序排列为从上至下排列。动力电缆与控制和信号电缆之间采用防火隔板隔离，不宜采用耐火槽盒隔离。

（2）制造厂应提供基础预埋件的位置、尺寸及荷载，爬梯、检修平台等附属设施基础也应体现在基础图中，且预埋件不允许置于电缆沟上。

（3）断路器智能控制柜之间、智能控制柜及设备本体之间电缆由厂家提供，施工单位负责接线及敷设，厂家现场配合指导。本体电缆厂家采用 304 不锈钢槽盒敷设。

4. 机构箱、端子箱、智能组件柜（如加热器、防风沙等）

（1）全站各电压等级智能控制柜及下放布置于配电装置区的二次设备屏柜除应满足《智能高压设备组件柜技术条件》（Q/GDW 734—2012）、《国家电网继电保护柜、屏制造规范》及《智能变电站智能控制柜技术规范》（Q/GDW 1430—2015）所规定的技术条件外，还应满足国网新疆电力公司《750 二次设计指导原则》的规定。对于室外放置含有智能终端等智能设备的屏柜（包含但不限于：750kV 断路器智能控制柜等）采用工业级空调控制柜内温湿度。空调安装在柜体侧门，空调配防护罩，防护罩门可打开，运行情况下空调可维护、可带电更换，空调控制面板安装于 A 舱，置于 A 套智能终端下部。双舱柜的两个舱体连通，共用 1 个空调，确保柜内温度在 5℃～40℃；空调故障发告警信号，空调输出 4～20mA 温湿度信号值，接入第一套（或本体）智能终端。

空调应配置可调节温度按钮、液晶显示的面板，面板及回路应设置在汇控柜、智能组件柜正门处，可拆卸更换，方便回路查验和相关操作。端子箱（包含但不限于断路器机构箱、刀闸机构箱、动力箱、检修箱等）配置1套长期投入型加热驱潮装置和1套带温控器型加热驱潮装置，均设置独立空气开关。汇控柜、端子箱等密封箱体材质、厚度必须满足国家电网公司金属技术监督要求，厂家应在出厂前请第三方进行检测，并提供检测报告。

（2）机构（箱）加热装置建议宜使用硅橡胶加热板（非强制要求），须有运行业绩良好及相关业绩证明。本站低温设计按招标文件环境温度要求执行，户外传感器需采集户外环境温度。伴热带等交流回路的空开和电缆应单独设置。伴热带等交流回路的空气开关不得设置在控制面板上。柜内应设置烟感。

（3）机构（箱）内加热器应能满足极低的温度下运行要求，采用能够适用于宽温的润滑脂，不板结，保证机构传动部分的轴密封可靠，汇控柜（机构箱）内温控器可手动、自动切换，启动和停止温度可进行调整的数显温控器，加热器与各元件、电缆及电线的距离应大于80mm，不应发生把二次线烤变色情况。厂家应核实加热器电源线径满足负荷要求。

（4）防低温措施包括智能组件柜应具有良好的密封性能，柜内附带加热功能及温控装置，当温度低于零度时自动启动，需选择采用优质密封垫圈。对于寒冷地区，设备厂家提供的设备及元器件必须全部满足最低温环境的要求，继电器、二次电缆的性能应满足最大温差、最高温度及最低温度环境下的使用要求；采用宽温润滑脂来保证机构传动部分的轴承密封可靠性。备品备件、试验仪器、仪表及蓄电池动力的工器具等应能保证在户外低温条件下正常使用；机构（箱）和端子箱应具有良好的密封性能，应采用保温结构，箱内附带加热功能及温控装置，保证柜内温度不低于零度，加热器功率应能满足极低温度下的运行要求。温控器应为可调数显式，带手动、自动功能。

（5）驱潮加热装置应安装在便于运维人员检查维护更换的位置。

（6）断路器机构（箱）、汇控箱内部接触器、继电器均应加装防误碰、防尘帽，不能用凸点式继电器。

（7）断路器汇控柜、本体加热回路电源线径需经过校核，能够承载加热器全部投入时电流负荷。

（8）断路器传动箱应进行密封处理，不应直接裸露在风沙环境中。

（9）全站智能控制柜、断路器汇控柜、端子箱、风冷控制柜、油色谱在线监测柜、检修箱柜体高度按区域保持一致，屏柜尺寸及门轴方向等统一要求（柜体高度满足检修身高需求），双舱柜的门轴在屏柜两侧，对于单舱柜面对屏体在右手侧。

（10）断路器航空插头内部二次线不应有金属裸露部分，二次接线应接线可靠，与相邻接线可靠隔离。

5. 设备接线端子

设备厂家自带导体导电率应满足《电工用铜、铝及其合金母线　第1部分：铜和铜合金母线》（GB/T 5585.1—2005）和《导体用铜板和条》（GB/T 2529—2012）的要求。设备接线板电流密度满足《导体和电器选择设计规程》（DL/T 5222—2021）的要求。断路器一次接线端子载流量应满足实际需求，需提前设计。

6. 继电器及表计

（1）动作计数器、打压计数器均不能归零。计数器不得采用电池供电驱动。

（2）密度继电器防雨罩可靠有效。加装的防雨罩需能完全保护密度标记及二次线接线头，应超过二次线接线头50mm，避免表计受潮及二次线绝缘降低导致误发压力低告警信号。防雨罩的材质应符合金属监督的要求。防雨罩应便于拆卸，不得影响二次航空插头。二次线应采用冷压头，不得直接接入航空插头。

（3）断路器 SF_6 密度继电器应放置与断路器同一运行环境，不得放入带有加热的机构箱内，密度继电器采用无源接点，容量与保护回路相匹配；SF_6 密度继电器应满足不拆卸表计校验功能；SF_6 密度计应进行抗震试验，并出具相应的抗震试验报告。混合气体的 SF_6 断路器必须采用混合气体的 SF_6 密度继电器。SF_6 密度继电器应同时具备低气压报警功能。密度继电器应装设在与被监测气室处于同一运行环境温度的位置。密度继电器应满足环境温度在－43℃～－25℃时准确度不低于 2.5 级的要求。

（4）SF_6 密度继电器应布置在易于观察的位置，朝向巡视通道，不能有遮挡。户外安装的密度继电器应设置 304 不锈钢原色防雨罩，密度继电器防雨箱（罩）应能将表、控制电缆接线端子一并放入，防止指示表、控制电缆接线盒和充放气接口进水受潮。

（5）密度继电器等仪表应便于运行人员观察读数，且朝向一致。设备各基础埋件定位必须精准，轴线与预埋件轴线一致，应避免偏心情况出现。

（6）断路器位置指示器均应朝向巡检通道。

（7）密度继电器表计应有防止阳光直射引起表计过补偿的措施；表计安装高度不高于地面（检修平台）2m（表计统一规定：互感器表记下移高度为 1.5m，避雷器计数器或在线监测表计下移高度为 1.5m，66kV 断路器表计按照产品要求执行，不做下移要求）。SF_6 设备所采用的密度继电器必须采用金属波纹管标准气囊气体参比式、大量程、SF_6 密度继电器。应提供 SF_6 密度继电器压力曲线图。SF_6 密度继电器表计采用Φ100 的表盘。厂家需提供密度继电器安装图纸，应注明继电器外形尺寸、防雨罩外形尺寸及表计的接口大小。

7. 工厂装配和试验

（1）制造厂应加强绝缘件质量控制。绝缘拉杆总装前应逐支进行工频耐压和局部放电试验。以上试验均应由断路器制造厂完成，并将试验结果随出厂试验报告提交用户。

（2）断路器出厂试验时应进行不少于 200 次的机械操作试验，以保证触头充分磨合。200 次操作完成后应彻底清洁壳体内部，再进行其他出厂试验。

（3）断路器出厂绝缘试验应进行正负极性各 3 次雷电冲击耐压试验（按照五通一措相关要求执行）。

（4）设备厂家应在出厂前及送电前将液压机构的液压油进行全部更换处理。

8. 设备运输、安装

（1）断路器应提供完整的运输封板（不少于完整一套三相运输封板）及套管吊具，应提供专用的充气接头一套，配备高精度油压力显示表（不低于 0.1MPa 精度，碟簧机构除外）。

（2）运输时，应在断路器运输单元上加装三维冲击记录仪，其他运输单元加装震动指示器。运输中如出现冲击加速度大于 3*g* 或不满足产品技术文件要求的情况，产品运至现场后应打开相应隔室检查各部件是否完好，必要时可增加试验项目或返厂处理。

（3）现场安装时，应保证绝缘拉杆、盆式绝缘子、支持绝缘件的干燥和清洁，不得发生磕碰和划伤，应按制造厂技术规范要求严格控制其在空气中的暴露时间。

（4）新的 SF_6 气体充装前，厂家应提供第三方检测报告。

（5）断路器设备设计制造、装配、试验、运输等要满足《关于印发〈关于加强气体绝缘金属封闭开关设备全过程管理重点措施〉的通知》（国家电网生〔2011〕1223 号）中适用于断路器的条款要求。

9. 其他要求（如操作平台、备品备件等）

（1）断路器支架表面处理为热镀锌。

（2）设备采用的固定方式为地脚螺栓连接，请厂家确认螺栓数量和尺寸能满足抗震要求。

（3）弹簧断路器应提供卸能、检修专用工具。

（4）按照《国网新疆电力公司运检部关于西开断路器机构专项隐患排查治理工作的通知》（电运检函〔2017〕119 号），液压碟簧机构未经改进的不得继续入网，需提供碟簧缸体金相检测报告。新安装液压机构断路器必须提供所注入液压油的检测报告或现场每台机构取油检测。

（5）断路器弹簧机构具备分、合闸防误动闭锁功能。

（6）断路器本体至汇控柜之间电缆不能出现交、直流共缆。

（7）断路器航空插头处的软连接处应采用热缩套加以保护。

（8）应在断路器、隔离开关绝缘子金属法兰与瓷件的胶装部位涂以性能良好的防水密封胶，并定期检查胶装部位完好性，必要时重新复涂防水密封胶。参照《国网新疆电力公司运检部关于印发 2017 年电网设备反事故措施的通知》（电运检函〔2017〕95 号）。

（9）厂家及施工方提供的螺栓应采取热镀锌工艺（Φ9 以上），长度符合标准工艺要求，M8 及以下螺栓采用不锈钢材质。

（10）液压碟簧断路器应安装油压监测装置，若无法满足，应提供一套油压监测装置（现有制造厂实现有困难，无法采用油压监测实现，但类似功能需保证实现相关监测）。

（11）各电气设备出厂试验报告等设备资料应与设备同时到货验收。

（12）断路器按照《国网基建部关于发布输变电工程通用设计通用设备应用目录（2021 年版）的通知》（基建技术〔2021〕2 号）执行配置微动开关，同时满足《变电站一键顺控技术导则》的相关要求。

（13）断路器分闸线圈不应叠装布置。

（14）断路器应满足《国家电网有限公司关于印发十八项电网重大反事故措施（修订版）的通知》（国家电网设备〔2018〕979 号）相关要求。

（二）二次部分

（1）66kV 每组断路器设置 1 面断路器智能控制柜。智能控制柜柜面布置、尺寸、颜色、制造标准、接线端子型号及其他技术参数应配合设计单位按区域进行统一。组件柜壳体应留有双接地端子，以便专用接地线连接。

最终互感器参数在施工图设计过程若中有修改，以图纸确认单为准。

（2）断路器汇控柜内按每相设置电机电源空气开关，同时汇控柜内应设置电机电源总空气开关。

（3）断路器跳、合闸压力异常闭锁功能应由断路器本体机构实现，并应提供两组完全独立的压力闭锁触点。

（4）为防止三相不一致保护时间继电器或出口继电器受潮、误碰、受损等原因导致断路器误动作，应在跳闸出口回路处串入断路器辅助接点。

（5）新投的分相弹簧机构断路器的防跳继电器、非全相继电器不应安装在机构箱内，应装在独立的汇控箱内。

（6）合闸监视回路串入储能行程开关节点。

（7）断路器伴热带温控器感温探头外移。

（8）断路器本体三相不一致保护双重化配置，应有独立的功能及出口压板（每套三相不一致保护配置 1 个出口压板和 1 个功能压板），功能压板全部采用黄色，出口压板全部采用红色，压板底座及备用压板全部采用浅驼色，不一致时间继电器应采用数字式产品，最小整定步长应为 0.1s。所有涉及直接跳闸的重要回路，应采用动作电压在额定直流电源电压的 55%～70%范围内的中间继电器，并要求其动作功率不低于 5W。220kV 及以上断路器的压力闭锁继电器应双重化配置。非全相继电器不能有凸出继电器表面的按钮，其回路设计也应满足《国网新疆电力有限公司三相不一致改造会议纪要》（电设备〔2019〕8号）要求。

（9）断路器就地操作不配置五防锁具。转换把手不设置钥匙。

（10）厂家提供电缆应采用阻燃、屏蔽、铠装电缆（控制及信号回路）和阻燃、铠装电缆（电源回路），应采取防鼠咬措施（66kV 断路器机构箱到智能控制柜之间的电缆设备由厂家提供）。

（11）66kV 断路器（主变压器进线）双套智能终端信号采集方式：A 套智能终端采集完整信息（含开关、刀闸位置信号、一次设备告警信号和 B 套智能终端告警信号）；B 套智能终端采集开关、刀闸位置信号（根据现场实际配置）及 A 套智能终端告警信号、开关非全相、低气压闭锁、油压压力低、弹簧未储能等信号。

（12）断路器混气比例及混气比例技术值等相关参数应在铭牌体现。

六、隔离开关及接地开关

（一）一次部分

1. 图纸

（1）供货产品满足国家电网公司物资采购标准隔离开关通用及专用部分技术规范。

（2）厂家应提供按比例绘制的电子版图纸，由于未按比例绘制图纸而引起的安装、带电距离等责任问题由厂家负责。图纸中需有“××750kV 变电站工程”字样及按招标文件要求提供给本站的设备数量，明确满足本站招标要求的抗震要求，如水平加速度、垂直加速度等，同时技术参数中应注明设备重量、迎风面积、自振频率、重心高度、接线端子受力等。

（3）设备生产厂家在中间修改图纸时必须标明版次，每版次必须增加修改部分内容说明及云线圈注，说明中未提及部分视为未改动，未提及部分出现问题由设备生产厂家承担责任。

（4）厂家需在提供图纸的同时，提供所有厂供电缆的清册。

2. 接地

（1）制造厂应提供接地点的数量及精确定位位置，接地点采用直接引下形式，隔离开关接地点至主地网的接地材料由施工单位负责提供并安装。

（2）隔离开关等所有一次设备支架需双接地。

（3）各电气设备、箱体、柜体接地端子应与本站接地线尺寸配合，参照设计单位给出的接地端子尺寸（100×50mm，2Φ18，孔间距 50mm），由设计单位确认相关要求。

（4）机构箱、端子箱门双层门均应设置黄绿软铜线接地线。

（5）隔离开关、接地刀闸垂直连杆应有可靠接地，垂直连杆必须装设接地线。

3. 电缆及其敷设

（1）电缆敷设原则：低压动力电缆、控制电缆和通信电缆可同沟敷设。各类电缆在同一通道内的同一侧多层支架上敷设时，按照由强电至弱电，从电源到控制电缆、信号电缆、通信电缆顺序排列为从上至下排列。动力电缆与控制和信号电缆之间采用防火隔板隔离，不宜采用耐火槽盒隔离。

（2）制造厂应提供基础预埋件的位置、尺寸及荷载，附属设施基础也应体现在基础图中，且预埋件不允许置于电缆沟上。

（3）隔离开关和接地刀闸各相之间电缆不能出现交、直流共缆。

（4）隔离开关机构箱本体电缆厂家采用 304 不锈钢槽盒敷设。

4. 机构箱、端子箱（如加热器、防风沙等）

（1）驱潮加热装置应安装在便于运维人员检查、维护、更换的位置。

（2）隔离开关机构（箱）、汇控箱内部接触器、继电器均应加装防误碰、防尘帽，不能使用凸点式继电器。

（3）机构箱密封箱体材质、厚度、触头镀银层、隔离开关轴销必须满足国家电网公司金属技术监督要求。

（4）隔离开关机构箱分合闸指示箭头必须是金属产品，一次加工永久性成型，不得采用粘贴或刷漆型式。

（5）隔离开关机构箱、本体加热回路电源线径需经过校核，能够承载加热器全部投入时电流负荷。

（6）隔离开关机构箱应有防止过分、过合的功能，即机构箱内配置两个行程开关。具备缺相、过流保护功能。

（7）隔离开关不锈钢机构箱材质分析应合格，并有出厂检测报告。

5. 设备接线端子

（1）隔离开关动、静触头镀银层厚度应合格，并有出厂检测报告。

（2）接线端子不应有内丝。

（3）设备厂家自带导体导电率应满足《电工用铜、铝及其合金母线　第1部分：铜和铜合金母线》（GB/T 5585.1—2005）和《导体用铜板和条》（GB/T 2529—2012）的要求。设备接线板电流密度满足《导体和电器选择设计规程》（DL/T 5222—2021）的要求。

（4）隔离开关接线端子及均压环需采用便于接线的设计。

6. 均压环、触头及触板

（1）220kV 隔离开关动、静触头应加装引弧装置。

（2）三柱水平旋转式隔离开关合闸后，动触板应露出静触头，同时应设置合闸标志（红色反光漆），保证人员在下方肉眼可观测翻转情况。66kV 隔离开关为双柱水平旋转式，不适用上述要求。66kV 隔离开关触指弹簧表面应进行绝缘化处理。

（3）接地刀闸静触头要充分考虑氧化后摩擦阻力增大的情况，避免出现卡涩、合闸不到位。

（4）均压环应满足以下基本要求：

1）应对均压环各部位的化学成分、室温力学性能、低倍组织、显微组织进行检验，使各部位材质参数基本一致，并符合《铝及铝合金热挤压管　第 1 部分：无缝圆管》（GB/T 4437.1—2000）相关要求，并提供相应的第三方检测、检验报告。辐条使用加强型结构，辐条数量满足均压环在恶劣环境下正常运行，不得发生断裂现象。

2）焊材选取，应选用与母材相近或相同成分的焊条进行焊接，并提供相应记录。

3）焊接方法，母材厚度为 0.5～25mm 时，宜选用钨极氩弧焊。

4）均压环运行过程中会受风、设备本身产生共振，故设备厂家应结合运行地区环境、设备本身振动幅度及频率，应选用、设计抗振能力强的均压环；可通过提高均压环固有频率（不能与设备产生共振）措施、控制均压环薄壁颤振措施、提高均压环焊缝减震措施等方式。

5）应对均压环各焊接点、焊缝工艺进行检测，检测项目主要为无损检测、破坏性试验、焊接热影响区的组织和性能分析，并符合《铝及铝合金的焊接工艺评定试验》（GB/T 19869.2—2012）、《金属熔化焊焊接接头射线照相》（GB/T 3323—2005）要求，并提供相应的检测、检验报告，同时，应开展焊接头的工作应力分布、静载强度计算、疲劳计算等，并进行焊接性试验，并提供相应报告。

6）对于管径相差较大的铝管焊接，接触焊接处是均压环最薄弱的环节，易发生裂纹，应在焊接处进行加强筋加固处理。

7）均压环设计应参考所在变电站运行环境、设备本身特点进行差异化设计，在不影响设备稳定性的情况下，尽量减小均压环的自重、受风面积，合理优化尺寸，加强均压环的抗风、抗振、抗大温差的措施。如均压环不建议采用三只腿单环结构，均压环缺少中部一圈环形加固结构，抗振、抗风能力明显下降，应采用 4 支腿双环或三环结构，增加整体刚性；对于双层均压环，上下两层分别带有支腿结构，禁止支腿固定螺栓同时连接上、下两层的支撑腿（管），这种结构在风力作用震动下易造成螺栓松动。

8）均压环出厂前，应对均压环进行整体性试验，对于新结构、新材质的均压环还应开展型式试验、抽检试验等，相应的试验项目及标准参照《电力金具验收规则、标志与包装》（GB/T 2317.4—2000）执行。

7. 联锁及传动

（1）隔离开关主刀和接地刀闸之间应有一定机械强度的机械联锁和可靠的电气闭锁（主刀和地刀之间采用硬接点搭接联锁，仅考虑主刀和地刀之间），不能出现变形、卡涩，隔离开关有可靠的导向装置，保证每次合闸正确到位，并有合闸后防脱出装置。

（2）隔离开关传动部件 R 形销如使用螺栓固定，螺栓上应加装防止螺母脱落的措施，避免连接螺栓螺母脱落，螺杆从连接孔脱出。

（3）隔离开关传动轴销等不锈钢部件需有材质分析报告。

（4）隔离开关及接地刀闸传动部件，如弹簧、齿轮等关键传动部位应加装密封措施，防止风沙积存，造成隔离开关及接地刀闸操作不到位，甚至损坏。750kV 接地开关不使用翻转大刀式接地刀闸。

（5）隔离开关主刀与接地刀闸（单接地或双接地）应具有机械闭锁，机械闭锁安装位置宜在隔离开关操作机构箱上方 1m 处，便于检修人员维护。

8. 其他要求

（1）应在隔离开关绝缘子金属法兰与瓷件的胶装部位涂以性能良好的防

水密封胶，并定期检查胶装部位完好性，必要时重新复涂防水密封胶。《国网新疆电力公司运检部关于印发 2017 年电网设备反事故措施的通知》（电运检函〔2017〕95 号）。

（2）隔离开关配重连杆不能与减震装置冲突。

（3）隔离开关支架表面处理为热镀锌。

（4）设备采用的固定方式为地脚螺栓连接，请厂家确认螺栓数量和尺寸能满足抗震要求。

（5）厂家及施工方提供的铁质螺栓应采取热镀锌工艺（Φ9 以上），长度符合标准工艺要求。

（6）隔离开关万向轴轮螺栓需配穿销。

（7）请厂家书面提供抗震措施报告。

（8）各电气设备出厂试验报告等设备资料应与设备同时到货验收。

（9）隔离开关要求按照《国网基建部关于发布输变电工程通用设计通用设备应用目录（2021 年版）的通知》（基建技术〔2021〕2 号）配置微动开关，应满足《变电站一键顺控技术导则》的相关要求。

（二）二次部分

（1）机构箱内需牢固张贴二次原理接线图（过塑贴纸）。隔离开关机构箱内除粘贴原理图外，还需粘贴端子排图，图纸中需体现箱内各个元件的接点接线情况。

（2）刀闸的就地控制回路中，串接电气闭锁接点，相关开孔配线等在厂家出厂前实现；智能终端的“控制允许”接点（自测控经 GOOSE 网发来），不接入控制回路中，也不设置“控制允许”的解除开关，智能终端仅保留该接点。（远方控制采用电气闭锁、微机五防闭锁及间隔五防闭锁，机构箱控制采用电气闭锁及微机五防闭锁，刀闸机构箱门采用微机五防锁）。电气闭锁原则按照国网新疆超高压分公司下发的《750kV 变电站典型电气闭锁原则》执行。电气闭锁采用零线闭锁（若前期采用火线闭锁，则提前与超高压公司确认）。750kV

隔离开关每相操作机构应有电气联锁。

（3）隔离开关、接地开关的就地控制回路需要串入电编码锁，五防锁具串接在火线侧。根据《国家电网有限公司关于印发防止电气误操作安全管理规定的通知》（国家电网安监〔2018〕1119 号）“4.1.1 强制性防止电气误操作措施是指在设备的电动操作控制回路中串联受闭锁回路控制的接点，在设备的手动操控部件上加装受闭锁回路控制的锁具，防误锁具的操作不得有走空程现象”条文规定隔离开关、接地开关的就地控制回路是需要串入电编码锁。

（4）刀闸的就地控制在机构箱，机构箱内设置刀闸的远方/就地切换开关及分/合闸按钮，远方/就地信号取就地位置；其所在间隔的智能控制柜内不再设置。

（5）机构箱内空气开关配置应满足与馈线屏（动力箱）供电开关的配合需求。

（6）机构箱内辅助开关使用优质品牌。端子排使用优质产品，并留有 20%的备用端子。机构箱可三侧开门。

（7）隔离开关机构内应有电动机缺相保护功能，用于监控后台的信号接点数量不少于两对。机构内应有过载保护功能，过载保护定值满足规程规范要求。应配置电机的过分、过合保护，相序保护。

（8）控制电源与电机电源共用一路交流电源时，控制电源空气开关应在电机电源空气开关节点之后取电，现场不能出现电机电源不带电，控制电源带电现象，避免误操作。隔离开关接线端子不得采用自攻丝方式紧固，必须采用螺栓固定。

（9）750kV 隔离开关辅助触点（8 对常开、8 对常闭）用于交流闭锁回路，辅助触点（8 对常开、8 对常闭）用于直流回路，交、直流端子排分开。750kV 隔离开关厂家应在汇控箱内将隔离开关分位、合位串接完成。

（10）66kV 隔离开关主刀交流 6 开 6 闭，直流 6 开 6 闭；接地刀闸交流 5 开 5 闭，直流 5 开 5 闭。

（11）厂家提供电缆应采用阻燃、屏蔽、铠装电缆（控制及信号回路）和阻燃、铠装电缆（电源回路），采用防鼠咬措施。

七、电容式电压互感器

1. 接地

电压互感器高压尾端 N 通过短接片直接接地，二次严禁短路。二次接线盒同设备本体应有跨接接地，开门处应有软连接。设备本体应设置 2 个接地端子，接地端子形式按设计单位要求。电压互感器本体三相均应与设备构架两点接地，不能因现场设备构架原因造成中间相本体接地无法安装。

2. 运输

包装运输符合有关规范及防震、防潮等措施。

3. 接线盒

互感器接线盒需加密封，增强防水性。

4. 外绝缘

互感器外绝缘爬电距离应达到有关规定的要求，如不能满足要求，可加装合成绝缘伞群，但要注意消除变电站构架及引线对互感器雨闪的影响。

5. 设备接线端子

750kV、220kV 电压互感器设备本体接线板应为加强型（接线板两侧设置加强筋）。二次接线部分应采用铜螺杆柱一体浇筑成型的方式。互感器厂家提供书面盖章二次接线板密封性、强度保证文件，确保附件与主设备同等寿命。接线柱、端子处及从本体引出至端子的接线要有绕组标识。

6. 均压环

提供均压环（如果有）详细尺寸与强度、材质、工艺、质量检验报告，确保不发生裂纹损坏。均压环（如果有）应在最底部设置Φ6 滴水孔。750kV 设备的均压环应采用加强型。

7. 油位观察窗、取样阀及补油口

本体带取样阀及补油口，并不应与二次接线盒同位置，以免接线后遮挡。油位观察窗要求能够清晰地指示油位，并带有上、中、下刻度标识。

8. 参数要求

互感器二次绕组所接负荷应在准确等级所规定的负荷范围内。电压互感器的计量绕组二次引线压降应符合《电能计量装置技术管理规程》（DL/T 448—2016）的要求。

9. 其他要求

750kV 电压互感器厂家对切换把手细化设计，保留试验、运行切换把手，并有位置标识。

八、电流互感器

1. 接地

电流互感器二次侧严禁开路，备用的二次绕组也应在智能控制柜短路接地。设备本体应设置 2 个接地端子，双接地。二次接线盒同设备本体应有跨接接地，开门处应有软连接。

2. 运输

包装运输符合有关规范及防震、防潮等措施。运输过程中安装冲撞记录仪。

3. 接线盒

互感器接线盒需加密封，增强防水性。

4. 外绝缘

互感器外绝缘爬电距离应达到有关规定的要求，如不能满足要求，可加装合成绝缘伞裙，但要注意消除变电站构架及引线对互感器雨闪的影响。

5. 设备接线端子

二次接线部分应采用铜螺杆柱一体浇筑成型的方式。互感器厂家提供书面盖章二次接线板密封性、强度保证文件，确保附件与主设备同等寿命。接线柱、端子处及从本体引出至端子的接线要有绕组标识。

6. 均压环

不涉及。

7. 油位观察窗、取样阀及补油口

油位观察窗要求能够清晰地指示油位，并带有刻度，需具有上、中、下标识（油位观察窗采用全透明形式，本体油位可直视，外壳应采用优质材质，长期受阳光直射不应变色模糊）。本体带取样阀及补油口，并不应与二次接线盒同位置，以免接线后遮挡。本体需粘贴油位曲线图。取样器需提供现场使用。

8. 参数要求

互感器二次绕组所接负荷应在准确等级所规定的负荷范围内。

9. 其他要求

电流互感器一次绕组串并联结构涉及本体一次接线端子绝缘块应增大绝缘面积，防止积雪等情况下造成电流互感器分流。

九、避雷器

1. 接地

避雷器支架不能作为避雷器导流元件。

2. 压力释放方向

请厂家标注压力释放口的位置朝向相间，安装后不能朝向道路及其他邻近设备。高压并联电抗器中性点避雷器压力释放口不要求 360° 均匀分布，按照厂家资料执行。请厂家提供压力释放安全距离，以便提醒运行人员注意。

3. 计数器

计数器带电流监测及计数（不少于 2 位数）功能，计数器需直接接地。泄漏电流不能采用数显式，要采用指针式。750kV、220kV、66kV 避雷器计数器动作次数、全电流，接入在线监测装置后台系统。表计安装高度为 1.5m，满足现运维需要。

4. 设备接线端子

750kV、220kV 避雷器设备本体接线板应为加强型（接线板两侧设置加强筋）。不允许采用螺纹连接方式。

5. 均压环

提供均压环（如果有）详细尺寸与强度、材质、工艺、质量检验报告，确保不发生裂纹损坏。均压环（如果有）应在最底部设置Φ6 滴水孔，同时每节瓷瓶法兰最低处设置排水孔。750kV 避雷器均压环应采用加强型。

6. 其他要求（防风沙、防水等）

高压电抗器中性点电抗器避雷器不应安装在防火墙上。

考虑到站址污秽等级、外绝缘，部分厂家避雷器中上部瓷瓶与中下部瓷瓶平均直径不一致，应提供伞形参数和覆冰报告以及抗弯强度校核报告。

单节瓷瓶不得使用粘连形式。

十、支柱绝缘子

1. 接地

支架需设置专用接地端子。

并抗、串抗周围支柱绝缘子下接地采用单侧接地，其余支柱绝缘子下接地采用双侧接地。支柱绝缘子不做上接地，仅做下接地双侧接地。

2. 均压环

（1）均压环（如果有）应在最底部设置Φ6 滴水孔，同时每节瓷瓶法兰最低处设置排水孔。

（2）提供均压环（如果有）详细尺寸与强度、材质、工艺、质量检验报告，确保不发生裂纹损坏。

3. 其他要求

（1）出厂报告中提供瓷瓶探伤报告（需附图）。

（2）设备本体承受风速的大小应采用折算至设备最高处的风速，同时供货厂家应充分考虑沙暴对风压的增益作用。绝缘子应考虑大风沙的影响。

1）绝缘子应提供抗弯、抗扭试验检测报告。

2）空心电抗器附近的支柱绝缘子上、下法兰及其紧固螺栓均为非导磁材质。

3）支柱绝缘子螺栓采用不低于 8.8 级热镀锌螺栓，配置的螺帽强度等级应符合。

4）绝缘子露砂高度 10～20mm，不小于 10mm。

十一、站用变压器

（一）一次部分

1. 图纸及计算书报告

需提供投标文件、订货合同、技术协议、监造报告、励磁特性曲线、电磁场计算报告、同类产品突发短路试验报告或抗短路能力计算报告、抗震计算报告、双侧满负荷下的温升计算报告，以及变压器起始负荷（50%～80%）、本体温度（10℃～40℃）过负荷倍数（1.1～1.5）情况下的过负荷曲线，同时还需提供主附件相应的信息和内部构件材料信息以及套管接线端子强度、材质、拉力测试等质量检验报告（按照国家标准执行）。按照《电力变压器及电抗器通用技术规范》要求开展密封性试验。以上资料通过出厂资料形式提供。

需提供储油柜在不同工况下的油面核算报告，储油柜容积应满足在当地极限环境温度下不同工况的运行要求：变压器在最低环境温度不运行时不出现低油位告警；变压器油面温度为 85℃时不出现高油位告警；在极限环境温度下正常运行不出现油位过高或过低，避免发生冬夏时反复加油、放油的现象。储油柜油位刻度应细化，油位观察窗应朝向道路。推荐使用波纹内油式油枕。

2. 接地

（1）变压器铁芯、夹件必须由小套管引出，经绝缘子固定引至地面时采用铜排单独可靠接地，严禁通过外壳接地。另提供 2 个绝缘子备品。引下铜排涂黄绿相间漆或设置热缩护套。小套管侧至接地铜排、接地铜排至主地网之间采用软连接，接地铜排中段采用热缩的多股铜绞线（或电缆）“桥接”可靠接地

（截面积满足要求），便于带电检测和停电（打开）绝缘测试，不得采用经小刀闸接地，避免铁芯、夹件接地开路，引发变压器故障。

（2）设备厂家提供的不锈钢电缆槽盒应做跨接，跨接材料应符合验收要求。

（3）设备厂家提供的图纸中应注明设备本体、铁芯、夹件接地位置，接地数量及接地要求应满足交流电气装置的接地设计规范的要求。

（4）设备底座以上接地材料由设备厂家负责（包含铁芯、夹件软连接），底座以下接地材料施工单位负责。

3. 电缆及其敷设

（1）设备厂家提供的电缆应满足本工程环境使用要求，电缆的规格、型号应满足规范要求，型号需全站统一要求。设备厂家应提供满足金属质量监督要求的不锈钢电缆槽盒，本体上不得出现电缆外露的情况，电缆槽盒应延伸至油池盖板以下。

（2）设备厂家需在提供图纸的同时按设计单位要求的格式提供厂供电缆清册。厂供电缆规格、型号应全站统一，长度由厂家自行确认。

4. 其他要求

（1）变压器本体取油样应有具体说明放油、取油量值，便于取现分析。取样阀密封性能应保证与其主设备使用寿命一致，即频繁开启、关闭（按每年不少于 20 次考虑）不得出现密封不良渗漏油缺陷。变压器取油阀位置应无其他附件设备阻挡。取样口应设置专用取样阀，并预留软管接头。取样阀前设置球阀。变压器取样阀的数量由厂家根据相关规范自行确定。

（2）变压器本体所有法兰、蝶阀、套管升高座、散热器、储油柜、分接开关、端子箱、电缆槽盒等处均应有跨接线，以保持良好的电气通路。

（3）压力释放装置引下至格栅与卵石层之间，压力释放阀动作后不应受防护罩、下部延长管路瓶颈的影响，应有明显动作标识。压力释放阀与本体间应设置阀门，在阀门上、压力释放阀下之间高位布置排气孔。压力释放阀下部至箱盖之间管路高（长）度应有限制，防止压力释放过程中产生瓶颈效应。事故排油阀增设朝向地面的弯头（斜角 45°），引下至格栅以上 20cm，事故排油阀弯头盲板盖板为易碎材质。

（4）瓦斯继电器靠油枕侧应有金属波纹管，瓦斯继电器两侧应装有蝶阀。瓦斯均带有采气盒及引下管路，引下管路采用高压不锈钢金属软管，应有可靠固定的路径。瓦斯继电器与取气盒之间设置阀门。

（5）本体顶部应设有Φ80 抽真空接口，并配有钢板蝶阀。

（6）套管的油位计须满足最高、最低温度时的油位变化范围。斜装套管选型应满足新疆地区高温差环境下，可以正常观测油位，不得出现满油位。

（7）各处阀门要有名称标示牌，应能在外部直观可见。明确单方向开启、关闭的位置。

（8）请考虑变压器上人时防高坠措施，在变压器顶部预留挂安全带的位置。爬梯加装门锁，并设置接地件。变压器本体爬梯加装防护门，装防误门锁，考虑减振措施。爬梯向上延伸高出箱体，并在伸出处设置弯钩。

（9）变压器本体电缆采用不锈钢电缆槽盒敷设。厂家提供变压器本体端子箱至油坑的引下电缆槽盒。

（10）出厂时，外表面应油漆一新，在现场安装调试完成后，卖方重新对变压器进行整体清洗、喷漆。

（11）厂家增加气体继电器替换用联管一件，供抽变压器真空时使用。

（12）厂家提供本体仪表箱、端子箱、调压机构箱电缆孔（如有）准确位置，并在站用变压器基础图上标示出所有外引电缆接口的准确投影位置，以便于设计单位准确预埋电缆保护管。端子箱设计应合理，端子箱应能散热良好、防雨、加热驱潮（不设空调），并有足够的空间，端子箱防护等级应满足 IP55，材质为不锈钢 304，并提供相应的试验报告。

（13）在运输过程中，应按照相应规范安装具有时标且有合适量程的三维冲击记录仪（2 套不同厂家不同工作原理）。变压器就位后，制造厂、运输部门、用户三方人员应共同验收，记录纸和押运记录应提供用户留存。

（14）变压器套管顶部接线柱不得采用螺纹式接触面，柱头及引线搭接面，满足载流要求。

（15）220 kV 及以下变压器（电抗器）密封材料应采用低温丁晴或丙烯酸酯橡胶，推荐使用氟硅橡胶。

（16）35kV（66kV）及以下套管（含铁心、夹件接地套管）头部压碗采用低导磁金属材料，搭接采用软连接。

（17）变压器 35kV 及以下低压出口导线应按规范要求进行绝缘化处理。

（18）变压器盲板应完整移交，并在各盲板上进行标记（确认盲板安装位置），并提供盲板移交清单。

（19）站用变压器油位计、油温表、观察窗等应朝向巡视道路。

（二）二次部分

（1）本体的非电量保护由本体至就地端子箱的连接电缆不应使用转接端子盒。

（2）绕组（若有）、油面温度计采用性能稳定的温度计，出厂前必须经厂内检测并出具报告。

（3）气体继电器、压力释放阀、带远程通信或控制的温度计、油位计，各类控制箱不仅要有出厂合格证，还须有含主要功能特性出厂试验整定值的出厂文件。

（4）变压器油温表、绕组温度表应具有 –40℃～120℃量程。

（5）本体气体继电器均采用双浮子（两重两轻，5 对节点）带挡板结构且上浮子、下浮子、挡板各个功能节点分别均为独立节点、无机械连锁。

（6）端子箱内灯具应采用 LED 灯具。

（7）气体继电器、压力释放继电器、油位计、温度计等的配置应满足国网公司招标技术规范通用部分的要求。

（8）油中熄弧有载分接开关应配置带挡板的油流继电器(不应配置带浮球的气体继电器)，真空有载分接开关应选用具有油流冲击动作、轻瓦斯报警功能的气体继电器。

十二、66kV 并联电容器组

1. 图纸及计算书报告

厂家提交详细设备的安装图，如接地开关的安装图、操作机构箱的安装图，避雷器、电流互感器的安装图。

2. 供货范围

电容器组内串联电抗器、隔离开关、避雷器、电容器、电流互感器、放电线圈、端子箱、支柱绝缘子、围栏及设备安装支架、连接附件、导体及金具等均由厂家成套提供。

3. 接地

电容器组内设备支架应设置双接地端子。电抗器底座、电容器支架及围栏应设置接地端子或接地支线连接用螺栓孔。接地端子或接地螺栓孔尺寸全站统一。电容器接地开关底座与设备支架间应作接地跨接处理；端子箱、接地开关机构箱应作跨接接地；电容器与下部框架应作跨接接地。

4. 金具、连接线

电容器组引线与端子间连接应使用专用压线夹。电容器之间的连接线应采用软连接。电容器所有裸露接头均使用接头盒，防止异物搭接至接头造成相间短路。根据十八项反措要求，母排为铜排，提供热缩套。电容器编号向外、铭牌完整，单台电容器的编号在现场明确。

5. 隔离开关

电容器配置一组接地刀闸，宜安装在电容器侧。

6. 围栏

低位布置时电容器组围栏采用复合材质。围栏高度宜取 2m，网格不大于 4cm。围栏与设备间距离符合设计要求，安装平整牢固，防腐完好。

7. 套管

电容器套管需加装防鸟帽，防鸟帽应采用不易老化的硅橡胶材质，底部有漏水孔，可红外测温。

8. 设备接线端子

电容器组引线与端子间连接应使用专用压线夹。

9. 避雷器

电容器成套装置中避雷器应附放电计数器，计数器朝向应方便运行人员巡视。避雷器设置在围栏外。

十三、66kV 串联、并联电抗器

1. 图纸及计算书报告

应提供电抗器平断面及基础要求图纸，平面及断面中应在平面及侧面两个方向标明磁场范围轮廓。

2. 供货范围

电抗器本体、支架、防雨罩等。

3. 接地

并抗支腿底部法兰应有具备连接铜排的接地位置，每组应预留两个接地引下位置以满足双接地的要求。并抗下方基础连接法兰处接地端子需方便接地连接。接地端子或接地螺栓孔全站统一。如采用玻璃钢支柱顶端到底部之间连接的接地材料应采用截面不小于站内设备接地支线截面的铜带（上下各不少于 2 个螺栓孔固定），此铜带采用外置接地方式。铜带建议配置伸缩节，需充分考虑热胀冷缩效应。

4. 金具及螺栓

电抗器连接部件、电抗器及接线板、紧固螺栓、支撑块均应采用非导磁材料。一次接线端子用的非导磁螺栓由厂家提供。

5. 支架

电抗器的支柱由厂家提供，应采用玻璃钢支柱。为减少瓷瓶下部金属部件发热，厂家在瓷瓶底部采用玻璃钢支柱。厂家需自行校验玻璃钢支架强度是否满足抗震要求。电抗器支柱绝缘子法兰、升高座、防雨罩与本体等其他连接部位及连接螺栓均应采用不锈钢材质。

6. 其他要求

电抗器保护伞边沿应有防止返水、防止异物进入的功能，保护伞应采用整体结构，不应采用拼接式结构。

十四、高压开关柜

具体要求

（1）开关柜柜后门应做成可开启式双开门（上部为封板）。

（2）柜内避雷器均带计数器，计数器（两位数）应便于观察，应显示泄漏电流。

（3）开关柜地刀、手车电动并可手动，满足一键顺控功能。开关柜内应有状态显示灯、温湿度控制器。

（4）电压互感器采用全绝缘型、固定安装于电缆舱。

（5）开关柜内绝缘件应提供局部放电检测报告。

（6）柜内带电体对地、相间距离均需满足300mm的净距要求，若采用绝缘隔板、绝缘护套或绝缘涂层也需满足300mm的要求。

（7）开关柜内电压互感器等柜内设备应经隔离开关（或隔离手车）与母线相连，严禁与母线直接相连。避雷器、熔断器安装于手车上。

（8）开关柜需配置三相带电显示装置，带电显示器需具备自检功能。

（9）柜后观察窗改为验电窗口，厂家需预留五防锁鼻。

十五、其他附件类设备

1. 电缆终端

电缆终端厂家需配备足量长度的橡胶冷缩管供现场安装使用。

2. 悬式绝缘子

交流盘形悬式瓷绝缘子、交流棒形悬式复合绝缘子需满足招标文件使用环境要求。

3. 其他要求

应设计电缆井，预留电缆应放置在电缆井内。

十六、新疆750kV变电站金具相关问题治理方案

自2014年以来，国网新疆电力所辖750kV变电站发生多起一次设备引流线线夹裂纹、断裂事故，造成设备被迫紧急停运，严重威胁电网安全。主要涉及线路引线线夹开裂、引线与设备连接线夹开裂、酒杯型设备线夹开裂等；事

故经过、原因分析、整改方案及后续专项排查措施详细情况如下。

（一）新疆地区典型金具基本情况介绍

1. 线路引线线夹开裂事件典型案例

新疆 750kV 变电站 3 起线路引线线夹开裂典型事故，具体情况如下。

（1）750kV 哈密变哈天一、二线线路电压互感器一次引线脱落。

2014 年 4 月 17 日，站内后台装置发出 750kV 哈天二线 TV 回路断线信号，运维值守人员检查发现 750kV 哈天二线 C 相线路电压互感器一次引下线脱落；2014 年 4 月 23 日，站内后台装置发出 750kV 哈天一线 TV 回路断线信号，运维值守人员即刻到设备区检查发现 750kV 哈天一线线路电压互感器三相一次引下线依次相继脱落，造成 750kV 哈天一、二线被迫退出运行。

引线掉落现场

原因分析：

1）采用的 TYS 型双分裂 T 形线夹材质粗糙，铸造工艺不良。

2）此 T 形式线夹结构设计不合理，线夹 T 接受力部位存在倒角，结构厚度减小，且靠近夹具螺栓孔部位，螺栓孔处也有倒角，造成金具受力集中部位恰好是结构强度最薄弱的部位。在运行过程中，金具长期经受风摆力的作用出现金属疲劳，并且可能内部气泡处有向金具外部发展的不可见裂纹。金具上端面与一侧接触导线所用弧面连接处强度不断降低，导致断裂。

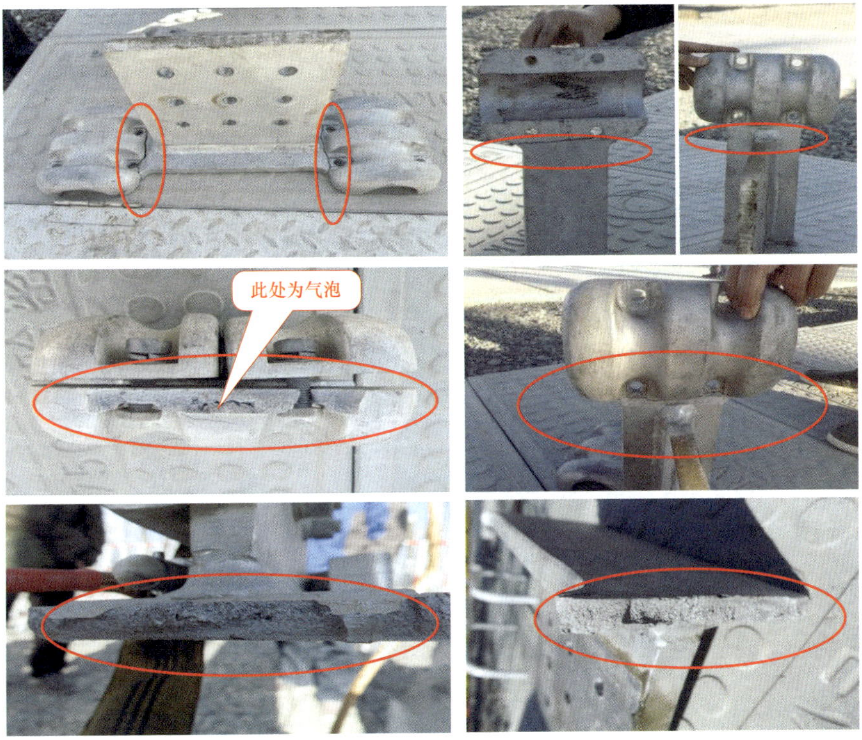

线夹断裂局部

（2）750kV 伊犁变电站 220kV 设备线夹存在裂纹。

2016 年 2 月，750kV 伊犁变运维人员上报 2 号主变压器 220kV 侧 2202 断路器 A 相金具裂纹，检修随后对其他设备进行现场专项排查，在排查过程中，发现 2 号主变压器中压侧 22026 隔离开关 C 相，220kV Ⅰ、Ⅱ母联 22502 隔离开关 B、C 相高跨线连接设备双分裂金具，220kV Ⅰ、Ⅱ母联间隔高跨线连接 220kV Ⅱ母母线 B 相金具存在不同程度的裂纹。

原因分析：

1）经新疆电科院对裂纹金具检测，发现双分裂导线其中一根压接管肉眼可见裂缝一侧确存在裂纹，长度约为 80mm，然而该金具另一侧压接管目测无法观察到裂纹，经仪器检验，内部也已存在裂纹，长度为 15mm。

2）该批次设备线夹存在质量隐患，一从焊接工艺看，线夹压接管内部过渡部分间隙大，过渡铝棒与铝管紧实程度不够；二是焊接工艺较差，未满焊，焊层不饱满；焊材过渡附着区小，裂纹部位均出现在焊接区薄弱点，焊接工艺不良，线夹未设计加强筋，产品本身存在质量隐患。

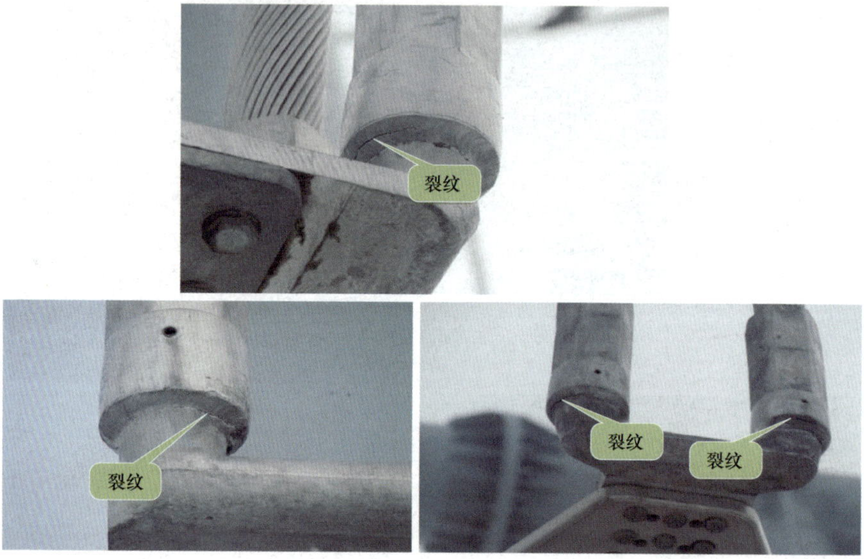

设备线夹裂纹

（3）750kV 巴楚、阿克苏变三起 750kV 设备连接金具裂纹、断裂。

2016 年 6 月至 10 月，750kV 巴楚、阿克苏变三起 750kV 设备连接金具裂纹、断裂事故，750kV 阿克苏变分别为 75201 隔离开关 B 相Ⅰ母侧过渡管母支柱绝缘子顶部固定管母滑动金具断裂、750kV 巴楚变 75221 隔离开关与 75202 隔离开关连接管母Ⅱ母侧水平伸缩滑动金具断裂、750kV 阿克苏变阿楚一线间隔出线垂直引下线 A 相金具断裂。

原因分析：

1）四分裂引下线受风面积大（四导线结构、长 26m）、T 形线夹刚性尺寸大都使管母受到风载的作用力增大。在风力的影响下，风载作用力几乎完全无损地传递到金具支撑点，加剧金具承载力。

2）四分裂导线制作工艺要求高，施工难度较大，在安装过程中极易散股，并且由于压接导线长短在尺寸上存有一定偏差，容易导致连接金具受应力影响。

3）根据现场运维情况看，四分裂导线自重较大，在设备引线不在同一垂直平面的安装位置，导线自重产生的应力容易作用在设备线夹上。

4）断裂的管母固定金具为砂模铸造，与金属模铸件或压力铸件比较，其表面粗糙，尺寸精度不高，组织不致密，装配精度不易保证，抗拉强度也低。因此金具质量原因造成其强度降低，也是断裂原因之一。

线夹断裂现场

2. 一次设备接线板开裂典型案例

截至 2023 年，新疆 750kV 变电站共发生 2 起一次设备线夹断裂事故，一起为巴州变 750kV Ⅰ 母母线避雷器顶部接线端子断裂事件，另一起为 750kV 巴楚变电站 2 号主变压器 750kV 侧电压互感器 B 相金具断裂，具体情况如下。

（1）巴州变 750kV Ⅰ母母线避雷器顶部接线端子断裂。

2020 年 8 月，运维人员大风后开展高空连接金具专项检查，发现 750kV Ⅰ母母线避雷器 A 顶部接线端子断裂，C 相顶部接线端子存在裂纹。

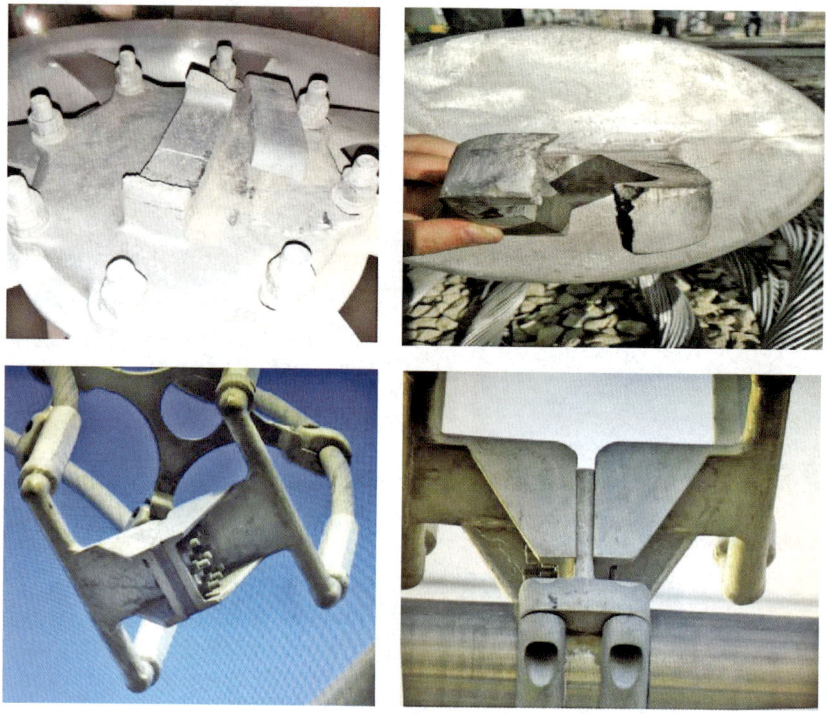

线夹断裂局部示意

设备线夹断裂现场

设备线夹断裂局部

原因分析：避雷器均压环与本体连接法兰一体焊接，法兰上方焊接“门型”接线端子，端子尺寸仅为10mm，上表面尺寸为100mm×164mm，孔距为50mm，孔径为17mm，焊接面并无加强筋。整体连接情况略显单薄，在大风、导线、弓子线不同平面的长期拉力、压力、弯矩等多种力持续作用下造成接线端子沿着安装孔开裂。

（2）750kV巴楚变电站2号主变压器750kV侧电压互感器B相金具断裂。

2016年10月27日，750kV巴楚变电站2号主变压器750kV侧电压互感器B相顶部一次接线端子断裂。金具为西电电力电容器有限责任公司生产的户外油浸电容式电压互感器，其型号为TYD765/$\sqrt{3}$－0.005H设备接线端子，于2015年10月23日投运。

原因分析：

1）一次端子板设计荷载（任意方向静态承受试验荷载3000N）选择与当地大风气候条件不匹配：由于750kV巴楚站处于大风区，2号主变压器750kV侧电压互感器引下线在大风影响下，会产生较大风载，致使电压互感器本体顶部连接金具受异常横向应力。当上方导线横向拉力整体力矩大于一次端子板设计荷载时，接线板焊接根部处出现裂纹，发展后断裂。

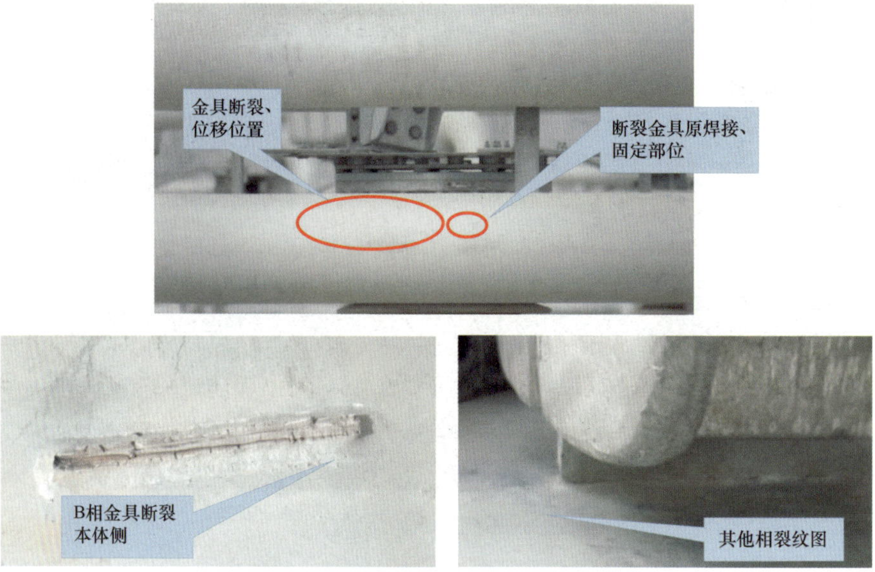

设备线夹断裂局部

2）连接引线设计不合理问题：查阅图纸及现场观测，2 号主变压器 750kV 侧电压互感器 B 相上部 T 接部位与电压互感器本体连接部位存在 5m 左右的纵向距离，导致电压互感器本体上部端子板长时间受同一方向横向应力，致使端子板出现金属疲劳、裂纹，在大风环境影响下，裂纹加速扩大，最终导致端子板从根部断裂（因端子板根部所受力臂最大、且薄弱）。

设备线现场安装布置

3） 外界环境影响：由于 750kV 巴楚站处于大风区，2 号主变压器 750kV

侧电压互感器引下线在大风影响下，会产生较大风载，致使电压互感器本体顶部连接金具受异常横向应力，最终导致金具断裂。

3. 酒杯形金具断裂典型案例

截至 2023 年，新疆 750kV 变电站共发生 10 起酒杯形金具线夹断裂事故，典型案例如下。

（1）五彩湾变 750kV Ⅱ母与 75422 隔离开关 C 相引流线接线板压接管焊缝处脱焊。

2020 年 6 月，五彩湾变运维人员高空专项巡视发现 750kV Ⅱ母母线与 75422 隔离开关连接跨线 C 相引流线接线板压接管焊缝处脱焊，一根压接管已部分脱出，一根压接管焊接部位已脱焊，存在引线断裂隐患，现场红外测温结果无异常。

（2）莎车变 750kV Ⅰ母 C 相与第五串高跨引线 T 接双分裂引线下端压接金具焊接处存在贯穿性裂纹。

2020 年 6 月 1 日，莎车站运维人员开展高空专项巡视发现 750kV Ⅰ母 C 相与第五串高跨引线 T 接双分裂引线下端一压接金具（双分裂引线下端），焊接处存在贯穿性裂纹，另一压接金具完好，现场红外测温结果无异常。

设备线夹断裂现场图

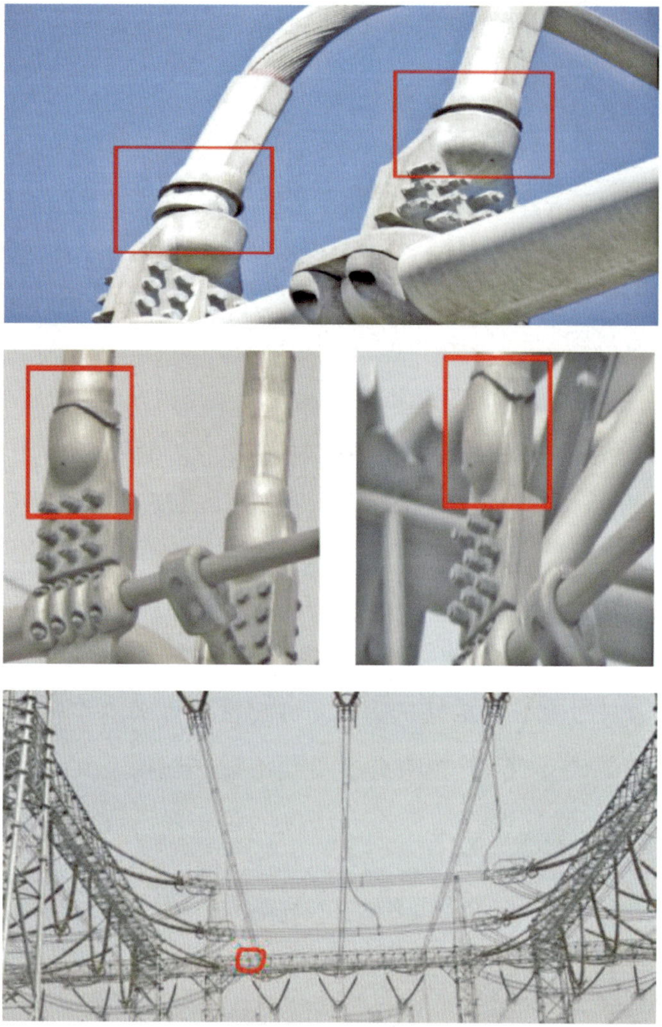

设备线夹断裂局部

（3）喀什变喀车一线出线避雷器引下线 A 相连接引线下部金具压接管焊处脱焊。

2020 年 6 月 2 日，喀什变发现 750kV 喀车一线出线避雷器连接引线下部金具压接管焊处脱焊，另一压接金具完好，现场红外测温结果无异常。

（4）鄯善 750kV 变电站 1 号主变 750kV 侧金具断裂。

2023 年 2 月 3 日 15:20，鄯善 750kV 变电站运维人员开展春季大风专项巡视，发现 1 号主变压器 A 相高压侧第四串低穿导线至高跨线双分裂引下线下端四变二金具断裂。

设备线夹断裂现场

设备线夹断裂局部

设备线夹断裂现场

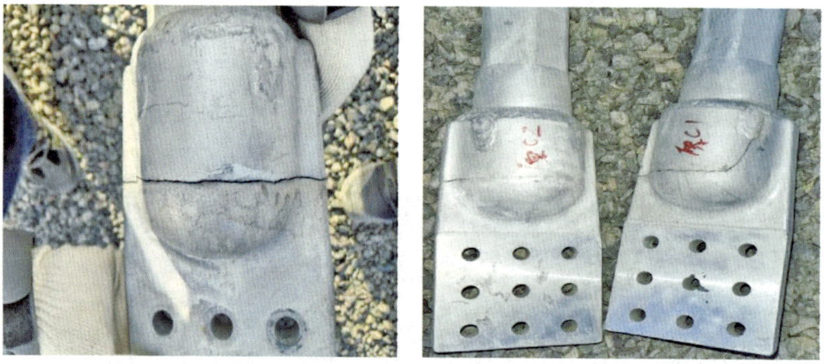

设备线夹断裂局部

原因分析：

1）金具主要是从酒杯焊接处脱焊断开，从焊接的质量看，金具一圈焊接的面积较小（仅有筒壁的 1/3），并仅有横向焊接，酒杯内衬管插入深度为 60mm（第一代产品为 70mm），在大跨度的垂直下引线大风天气作用下，造成焊缝面脱焊，通过杠杆原理导致酒杯线夹开裂，内衬管脱出。

2）施工工艺不良，主要一方面垂直下引线制作富余量较大，引线上端柔性连接到下段刚性连接过程中纵向和横向位移大，在风振影响下，下段金具承受过大的应力。

综上所述主要分析为：酒杯形金具设备线夹焊接工艺、材料质量都存在问题，并且存在安装连接引线及金具安装工艺不到位，引线金具长期运行随风摆动，导致设备线夹最薄弱的焊缝处脱焊并导致金具撕裂。将原螺栓型金具连接端子由方板式改为圆盘式，周边设置加强筋。即：预先在线夹一侧加工好螺栓中心定位孔及安装孔；下母线 T 接侧只加工好螺栓中心定位孔，然后现场根据实际安装角度，调整好位置再加工安装孔，尽量确保安装后引流线出线方向与金具压接管方向保持一致。

（二）排查及治理措施

1. 线路引线线夹开裂排查及治理措施

结合公司近年以来发生的 750kV 连接金具问题。经统计，2013—2016 年

17 座 750kV 变电站发生导线及设备连接金具问题 25 起(含 220kV 设备金具),主要问题有连接金具断裂、裂纹及变形等,其主要原因有恶劣环境影响、设备安装质量不合格、产品加工质量不合格及设计裕度不足等方面。25 起金具断裂事件的梳理及排查情况如下。

金具断裂事件统计

序号	变电站名称	导线连接方式	750kV 导线型号	配合使用金具厂家	是否发生异常	主要问题
1	乌北变电站	双分裂	JLHN58K－1600	辽宁锦兴 南京线路	是	750kV 连接金具裂纹 1 起
2	达坂城变电站	双分裂	JLHN58K－1600	辽宁锦兴	是	间隔棒磨损 750kV 导线散股 2 起
3	吐鲁番变电站	双分裂	JLHNDK－1600	吉林四平 南京线路	无	无
4	哈密变电站	双分裂	JLHN58K－1600	辽宁锦兴 吉林四平	是	750kV 连接金具断裂 5 起
5	烟墩变电站	双分裂	JLHN58K－1600	辽宁锦兴	无	无
6	三塘湖变电站	四分裂	JGQNRLH55XK－700	辽宁锦兴	无	无
7	库车变电站	双分裂	JGQNRLH55XK－700	辽宁锦兴	无	无
8	巴楚变电站	四分裂	JGQNRLH55XK－700	上海永固	有	750kV 管母连接滑动金具断裂 2 起,裂纹 1 起
9	喀什变电站	四分裂	JGQNRLH55XK－700	辽宁锦兴	无	无
10	巴州变电站	双分裂	JLHN58K－1600	辽宁锦兴	无	无
11	亚中变电站	双分裂	JLHN58K－1600	南京线路	无	无

续表

序号	变电站名称	导线连接方式	750kV 导线型号	配合使用金具厂家	是否发生异常	主要问题
12	伊犁变电站	双分裂	JLHN58K－1600	辽宁锦兴	有	220kV 设备线夹裂纹 8 起，750kV 设备线夹裂纹 1 起
13	凤凰变电站	双分裂	JLHN58K－1600	辽宁锦兴	有	750kV 连接金具裂纹 1 起
14	乌苏变电站	双分裂	JLHN58K－1600	辽宁锦兴	无	
15	五彩湾变电站	四分裂	JGQNRLH55XK－700	辽宁锦兴	有	2 号主变压器 A 相将军帽连接金具变形 1 起，引线散股 2 起
16	芨芨湖变电站	四分裂	4×（NRLH58GKK－600）	辽宁锦兴	无	无
17	阿克苏变电站	四分裂	JGQNRLH55XK－700	辽宁锦兴	有	750kV 连接金具断裂 1 起

整改措施：施工图阶段优先采用引下线上下端在同一垂直面的设计方式；横向跨度较大的引下线应选用带角度引线金具；高落差垂直引下线禁止使用四分裂导线；母线至间隔隔离开引下线禁止采用导线与隔离开关接线端子直接相连的形式，应增加过渡支撑绝缘子；大风区设备金具连接法兰，应考虑使用防松螺栓。

2. 一次设备接线板开裂治理措施

针对变压器、断路器、隔离开关、电压互感器、避雷器等设备接线端子，考虑对一次设备线夹进行加固处理，具体如下。

避雷器一次设备线夹：厂家设计人员在门型接线端子基础上，利用避雷器均压环 4×Φ32 固定螺栓将两根 100mm 的槽钢分别固定，使用 15mm 厚铝板与槽钢进行连接，螺栓固定，铝板长度 400mm，宽度 150mm；安装引线时将避雷器原有门型接线端子、加固铝板、设备线夹叠加固定，以增强接线端子拉力。经核算该加固方式受力理论设计值为 6.7kN。

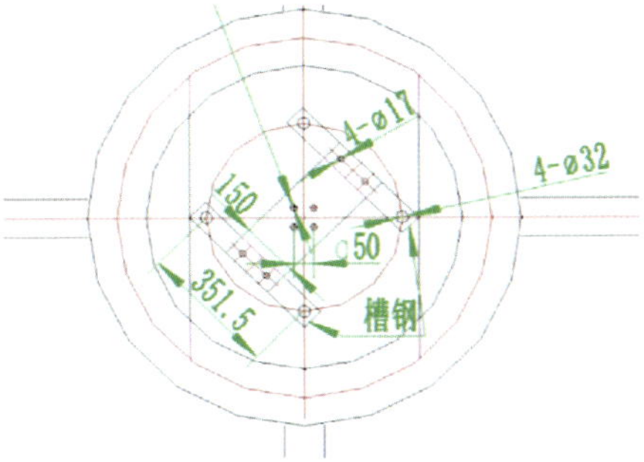

避雷器接线端子加工示意

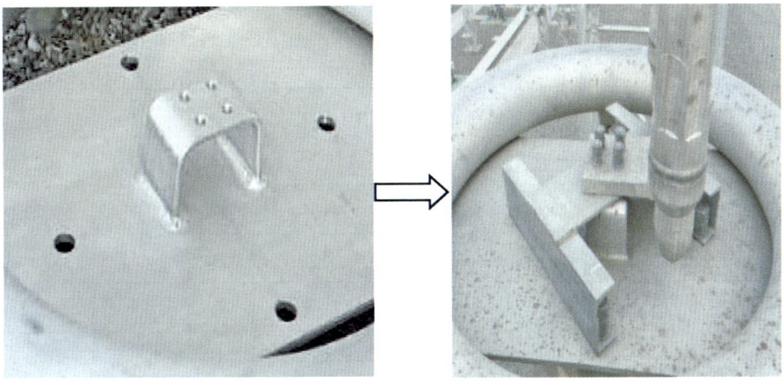

避雷器接线端子改造前后结构

部分一次设备设计制造时，风载荷分析不足，设计裕度不够，如巴楚站750kV电压互感器接线端子，现场进行改造加厚2mm，由原有8mm变更为10mm，并现场制作加强筋。

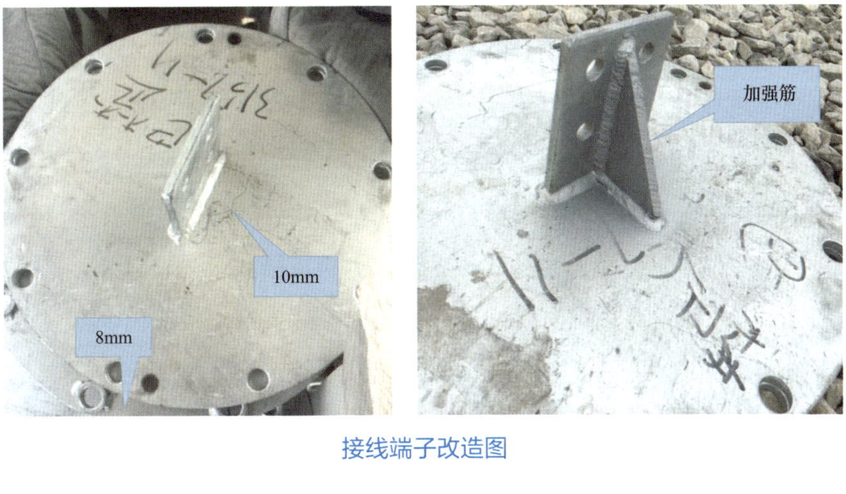

接线端子改造图

3. 酒杯形金具断裂排查及治理措施

2020 年 6 月 2 日，现场采用使用高倍望远镜观察和长焦相机拍照方式，对 21 座 750kV 交流变电站、2 座换流变电站 36 个间隔 964 个同类型金具开展全面排查。

酒杯形金具断裂排查统计情况

序号	变电站	间隔数量	金具数量	厂家	出厂时间	投运时间	整改时间
1	巴楚变电站	3	102	辽宁锦兴	2017 年 4 月	2018 年 4 月	2022 年 7 月
2	和田变电站	4	116	辽宁锦兴	2018 年 9 月	2019 年 5 月	2022 年 9 月
3	芨芨湖变电站	1	34	辽宁锦兴	2018 年 12 月	2019 年 11 月	2022 年 10 月
4	喀什变电站	5	136	辽宁锦兴	2017 年 4 月	2018 年 4 月	2022 年 10 月
5	莎车变电站	6	170	辽宁锦兴	2018 年 10 月	2019 年 4 月	2022 年 9 月
6	塔城变电站	6	170	辽宁锦兴	2017 年 9 月	2018 年 8 月	2021 年 5 月
7	乌北变电站	2	68	辽宁锦兴	2018 年 5 月	2018 年 12 月	2022 年 10 月
8	五彩湾变电站	3	102	辽宁锦兴	2017 年 12 月	2018 年 5 月	2021 年 10 月
9	五家渠变电站	6	66	辽宁锦兴	2017 年 9 月	2018 年 12 月	2021 年 3 月
合计		36	964		/	/	/

针对酒杯形金具以上问题，重点对以下六种大落差典型垂直引下线进行金具排查：在间隔出线至隔离开关引下线，间隔出线至电压互感器引下线，母线至隔离开关引下线，高跨线至母线引下线，避雷器、高压套管引下线，主变低穿进线至隔离开关引下线。要求：一是上述 6 种垂直引下线下端设备线夹使用单板螺接式设备线夹，一体成型铸造；二是引下线上端使用压接型金具，压接铝管插入深度为 80mm，压接铝管与酒杯底座焊接处增加四个焊接补强槽，接线板设置加强筋；三是单板螺接式设备线夹，应在接线板处设置加强筋，螺栓应使用 8.8 级双螺帽并采取防松措施；管母抱箍线夹应与接线板一体成型，接线板并设置加强筋。四是螺接式设备线夹、管母抱箍金具均采用至少 3 个压斗；五是避雷器、电压互感器顶部引下线下端设备线夹，采用螺接式双分裂设备线

夹，并设置加强筋，上端采用酒杯加强形金具。

4. 加强新投金具验收

（1）严控抽检质量。新（改、扩）建工程设备金具应开展相关技术监督工作，基建单位组织开展金具到货验收、核对相关检测报告，并按批次对金具进行抽检，金具材质、焊缝、机械强度等应满足相关规范要求。

（2）规范现场施工。严格规范施工现场金具压接、安装工艺，重点对金具压接前外观、尺寸、导线插入深度等进行测量，对压接后尺寸、平直度、毛刺剔除等进行检查，对金具连接螺栓进行力矩检查，紧固后画线标记。基建单位同步开展全站所有设备连接金具点位图、电子影像台账建立工作，确保施工质量。

第三章

变电二次专业

一、CT 绕组的排列设计原则

CT 绕组的排列依据《国家电网有限公司 35～750kV 输变电工程通用设计、通用设备应用目录（2023 年版）》（基建技术〔2023〕5 号）附件 3《35～750kV 通用设备修订》。

（一）主要设计原则

（1）采用常规电流互感器，不设置合并单元，电流直接进入保护及测控装置。扩建站与前期设计保持一致。

（2）电流互感器二次绕组的数量和准确级应满足继电保护、自动装置、电能计量和测量仪表的要求。

（3）保护用电流互感器的配置应避免出现主保护死区。

（4）两套主保护分别接入电流互感器的不同二次绕组，后备保护与主保护共用二次绕组；故障录波器与保护共用一个二次绕组；故障测距装置与合并单元串接共用保护用二次绕组；测量与非关口计量采用不同二次绕组。关口计量点计量有一组独立的二次绕组。

（5）电流互感器二次额定电流采用 1A。

（6）测量电流互感器绕组准确级采用 0.2 级，非关口计量电流互感器绕组准确级采用 0.2S 级。电流互感器二次绕组所接入负荷，应保证实际二次负荷在 25%～100%额定二次负荷范围内。

（7）保护用的电流互感器准确级：750kV 线路保护和母线保护采用能适应暂态要求的 TPY 类电流互感器；220kV 线路保护和母线保护采用 P 类电流互感器，但其暂态系数不宜低于 2；失灵保护采用 P 类电流互感器。P 类保护用电流互感器的准确限值系数宜为 5%的误差限值要求。

750kV 变电站电流互感器二次参数配置表

电压等级	750kV	220kV	66kV
主接线	一个半接线	双母分段接线	单母线
台数	18 台/每串	6 台/间隔	3 台/间隔
二次额定电流	1A	1A	1A
准确级	边断路器： 母线侧 P1→P2 0.2/TPY/TPY/5P－断口－5P/TPY/TPY/0.2S 中断路器： Ⅰ母→Ⅱ母（P1→P2－断口－P2←P1） 0.2S/0.2/TPY/TPY/5P－断口－5P/TPY/TPY/0.2/0.2S	主变压器：TPY/TPY－断口－5P/5P/0.2/0.2S 出线：5P/5P－断口－5P/5P/0.2/0.2S 母联、分段：0.2/5P/5P/5P－断口－5P/5P/5P	主变压器进线断路器：TPY/TPY/5P/5P/0.2/0.2S 主变公共绕组：TPY/TPY/5P/0.2 电抗器、电容器及站用变：5P/5P/0.2/0.2S
二次绕组数量	边：8； 中：10	主变：6； 出线：6； 母联、分段：7	主变压器：6； 主变公共绕组：4； 电抗器、电容器及站用变：4
二次绕组容量	计量 5VA 保护、测量 15VA	计量 5VA 保护、测量 15VA	计量 5VA 保护、测量 15VA

750kV 主变压器套管电流互感器配置表

位置	规格型式	功能	备注
高压侧套管电流互感器	2000～4000/1A 15/15/15VA 5P/5P/0.2	录波 A＋稳控 A/录波 B＋稳控 B/备用	测计量级带抽头
中性点套管电流互感器	（2500/1A） 15/15/15/15VA TPY/TPY/5P/0.2	主变保护 A/主变保护 B/录波 A＋录波 B/测量	测计量级带抽头，K_{ssc} 值在设联会上确定
中压侧套管电流互感器	2500～5000/1A 15/15/15VA 5P/5P/0.2	录波 A＋稳控 A/录波 B＋稳控 B/备用	测计量级带抽头
66kV 侧套管电流互感器	2000～4000/1A 15/15/15/5VA TPY/TPY/5P/0.2S	主变保护 A/主变保护 B/录波 A＋录波 B/备用	测计量级带抽头，K_{ssc} 值在设联会上确定

（8）220kV 配电装置绕组排序及接线。

1）220kV 分段绕组（由Ⅰ、Ⅱ母到Ⅲ、Ⅳ母）：P1－0.2/5P/5P/5P－断口－5P/5P/5P－P2；测量/分段保护 A＋故障录波装置 A/（Ⅲ、Ⅳ）母母线保护 A/（Ⅲ、Ⅳ）母母线保护 B－断口－（Ⅰ、Ⅱ）母母线保护 B/（Ⅰ、Ⅱ）母母

线保护 A/分段保护 B + 故障录波装置 B。

2）220kV 母联绕组：P1 – 0.2/5P/5P/5P – 断口 – 5P/5P/5P – P2；测量/备用/母联保护 A + 故障录波装置 A/母线保护 A – 断口 – 母线保护 B/母联保护 B + 故障录波装置 B/备用。

（二）电压互感器参数配置

750kV 线路、主变压器进线间隔三相电压互感器参数

一次绕组：750/ $\sqrt{3}$ kV	准确级	容量（VA）
第一个二次绕组：0.1/ $\sqrt{3}$ kV	0.2 级	10
第二个二次绕组：0.1/ $\sqrt{3}$ kV	0.5（3P）级	20
第三个二次绕组：0.1/ $\sqrt{3}$ kV	0.5（3P）级	20
剩余绕组：0.1kV	3P 级	20

750kV HGIS 母线三相电压互感器参数

一次绕组：750/ $\sqrt{3}$ kV	准确级	容量（VA）
第一个二次绕组：0.1/ $\sqrt{3}$ kV	0.2 级	30
第二个二次绕组：0.1/ $\sqrt{3}$ kV	0.5（3P）级	30
第三个二次绕组：0.1/ $\sqrt{3}$ kV	0.5（3P）级	30
剩余绕组：0.1kV	3P 级	30

220kV 线路、主变压器进线间隔三相电压互感器参数

额定一次绕组电压：220/ $\sqrt{3}$ kV	准确级	容量（VA）
第一个二次绕组：0.1/ $\sqrt{3}$ kV	0.2 级	10
第二个二次绕组：0.1/ $\sqrt{3}$ kV	0.5（3P）级	20
第三个二次绕组：0.1/ $\sqrt{3}$ kV	0.5（3P）级	20
剩余绕组：0.1kV	3P 级	20

220kV 母线间隔三相电压互感器参数

一次绕组：220/ $\sqrt{3}$ kV	准确级	容量（VA）
第一个二次绕组：0.1/ $\sqrt{3}$ kV	0.2 级	30
第二个二次绕组：0.1/ $\sqrt{3}$ kV	0.5（3P）级	30
第三个二次绕组：0.1/ $\sqrt{3}$ kV	0.5（3P）级	30
剩余绕组：0.1kV	3P 级	30

66kV 母线三相电压互感器参数

一次绕组：66/ $\sqrt{3}$ kV	准确级	容量（VA）
第一个二次绕组：0.1/ $\sqrt{3}$ kV	0.2 级	30
第二个二次绕组：0.1/ $\sqrt{3}$ kV	0.5（3P）级	30
第三个二次绕组：0.1/ $\sqrt{3}$ kV	0.5（3P）级	30
剩余绕组：0.1/3kV	3P 级	30

二、变电站二次设备室设置及屏柜组柜方案

组屏设计原则依据《国家电网公司输变电工程通用设计 330～750kV 智能变电站分册（2017 年版）》和 2023 年修订版相关内容。同时考虑新疆地区运行单位的实际要求。

（一）二次设备室设置及布置原则

二次设备室设置及布置原则

名称	主要设备	位置
主控室	控制台、显示器、主变压器消防主机、消防报警主机等	主控通信楼二楼
计算机室	站控层等公用二次、保护设备	主控通信楼一楼
1 号 750kV 继电器室	750kV 第 1～X 串、750kV 母线、稳控等保护设备	750kV 配电装置区

续表

名称	主要设备	位置
2 号 750kV 继电器室	750kV 第 X～X 串保护设备	750kV 配电装置区
1 号主变压器、220kV 及 66kV 继电器室	220kV 线路、母联、分段及Ⅰ母及Ⅱ母，1 号主变压器及 66kV 二次、保护设备	主变主变压器及 66kV 配电装置区
2、3 号主变压器、220kV 及 66kV 继电器室	220kV 线路、母联、分段及Ⅲ母及Ⅳ母，2、3 号主变压器及 66kV 二次、保护设备	主变主变压器及 66kV 配电装置区
蓄电池室	二次蓄电池（通信蓄电池单独设置在主控通信楼蓄电池室）	主变主变压器及 66kV 配电装置区
站用电室	直流电源柜（不含直流分电柜）、66kV 及 10kV 站变保护及备自投、站变电能表	主变主变压器及 66kV 配电装置区

（二）计算机室站控层二次设备组柜方案

站控层设备组屏安装，监控主机单独组屏布置在计算机室（二次设备室），显示器布置在控制台上，组屏原则如下：

（1）2 套主机兼操作员工作站、一键顺控主机组 1 面柜；

（2）综合应用服务器组 1 面柜；

（3）Ⅰ区数据通信网关机组 1 面屏，Ⅱ区数据通信网关机与Ⅲ/Ⅳ区数据网关机组 1 面屏。

计算机室站控层二次设备组柜方案

屏柜名称	组屏方案
监控主机柜	监控主机服务器 2 台，KVM 延长器 2 套，一键顺控主机 1 台
综合应用服务器柜	综合应用服务器 1 台，折叠式显示器 1 台
主变压器消防主机柜	主变压器消防主机 1 台（二层控制室）
消防报警主机柜	消防报警主机 1 台（二层控制室）
Ⅰ区数据通信网关机柜	Ⅰ区数据通信网关机 2 台+智能接口机 1 台
Ⅱ区数据通信网关机柜	Ⅱ区数据通信网关机柜 2 台+智能接口机 1 台
站控层交换机柜	Ⅰ区 A 网交换机（4 光 24 电交换机 1 台+16 光 12 电交换机 2 台）+Ⅰ区 B 网交换机（4 光 24 电交换机 1 台+16 光 12 电交换机 2 台）+防火墙 2 台+2 台（4 芯×6）免熔接组合光配

续表

屏柜名称	组屏方案
站控层交换机柜	Ⅱ区A网交换机（4光24电交换机1台+16光12电交换机2台）+Ⅱ区B网交换机（4光24电交换机1台+16光12电交换机2台）+2台（4芯×6）免熔接组合光配+网络安全监测装置1台

（三）间隔层组屏方案

智能终端下放至就地智能控制柜内，断路器保护、测控采用独立装置，测控单套配置。

间隔层组屏方案

750kV设备组屏原则	（1）线路保护1+线路测控共组成1面柜，线路保护2组成1面柜； （2）断路器保护1+断路器保护2+断路器测控组成1面柜； （3）每套母线保护组成1面柜； （4）750kV过程层交换机按串交换机4～6台组成1面屏； （5）750kV过程层中心交换机组成1面柜
220kV设备组屏原则	（1）线路保护1+线路测控共组成1面柜，线路保护2组成1面柜； （2）母联/分段保护1和母联/分段保护2各组成1面柜； （3）每套母线保护组成1面柜； （4）220kV过程层交换机安装在对应间隔保护屏柜； （5）220kV过程层中心交换机组成1面柜
主变压器组屏原则	（1）主变保护1+交换机组成1面柜； （2）主变保护2+交换机组成1面柜； （3）主变测控单独组成1面柜
低压无功补偿设备组屏原则	（1）每4台66kV电容器（电抗器）保护测控装置组成1面柜； （2）每段66kV母线保护组成1面柜，母线测控+公用测控组成1面柜； （3）每台66kV站用变保护测控装置组成1面柜； （4）35kV站用变保护测控、35kV母线测控、380V进线测控装置组成1面柜； （5）2台备自投装置组成1面柜
网络设备	网络交换机柜按照4～6台交换机原则进行组屏，每面网络柜内针对交换机端口数量分别设置ODU（光配单元）和网络配线模块

（四）过程层设备

（1）采用常规互感器时，不设置合并单元。扩建站与前期设计保持一致。

（2）智能终端安装在所在间隔就地智能控制柜内。

（五）其他二次系统

（1）网络记录分析系统：根据规模配置 2～3 面柜，在计算机室（二次设备室）配置 1 面分析柜，每小室各配置 1 面记录柜。

（2）时钟同步系统：在计算机室（二次设备室）主时钟屏 1 面，在各继电器室增加扩展时钟装置柜。

（3）电能计量系统：计费关口表每 6 块组成一面柜，非关口计量表随保护测控柜安装。

（4）相量测量装置：按电压等级各配置 1～3 面柜。

（5）故障录波：按电压等级每 2 台装置组成 1 面柜。

（6）故障测距：按电压等级 1 台装置组成 1 面柜。

（7）设备状态监测系统：在线监测 IED 布置于就地智能控制柜。

（六）智能控制柜组柜要求

1. 750kV 主变压器

每组主变压器本体设置 1 面主变压器本体智能控制柜，组件柜壳体应留有接地端子，以便使用专用接地线连接。具体配置如下表所示。

750kV 主变压器本体智能控制柜

元件名称	数量	制造商	备注
智能组件柜	1		
合并单元 （变压器本体套管 CT）	0		
智能终端（非电量保护 IED）	3		开入量满足设计需求
高密度免熔接光纤配线架	1		按需配置
局部放电监测	0	/	
油中含水量监测	1		
铁芯接地电流监测	1		
空调	1		

（1）本体智能控制柜内交、直电源系统空开设置由设备集成商按需提供。

（2）二次部分智能控制柜由设备集成商统一布置，需考虑内部设备布局美观，安装、调试方便，综合布线清晰，外形统一。

（3）本体智能终端应能接入所有的本体油温、绕组温度、控制柜温度、湿度等模拟量。

（4）电气二次接口部分符合《国家电网公司输变电工程通用设备（2018版）》的要求。

（5）在设备厂家二次资料认可过程中，设备制造厂家应配合设计方的工作，按照设计方的要求，相应调整其产品二次部分设计，且图纸工程名称标注应准确一致。

2. 750kV HGIS（GIS）设备

（1）每组断路器设置 1 面断路器智能控制柜。智能控制柜由一次设备生产厂家统一布置，需考虑内部设备布局美观，安装、调试方便，综合布线清晰，外形统一。组件柜壳体应留有接地端子，以便使用专用接地线连接。

（2）断路器智能组件柜。

元件名称	数量	制造商	备注
断路器智能组件柜	1		
智能终端	2		
高密度免熔接光纤配线架	2		按需
局部放电监测传感器	3		内置于本体
油中含水量监测	0		
铁芯接地电流监测	0		
智能 IED（电压采集装置）	待定		由一次厂家预留安装位置并完成组屏，设计院确认
空调	1		

（3）TV 智能组件柜。

元件名称	数量	制造商	备注
母线 TV 智能组件柜	1		
智能终端	1		
高密度免熔接光纤配线架	1		按需
带电闭锁继电器	1		
避雷器在线监测装置	待定		由一次厂家预留安装位置并完成组屏，设计院确认
空调	1		

（4）66kV 瓷柱式断路器。66kV 每组断路器设置 1 面断路器智能控制柜。智能控制柜由一次设备生产厂家统一布置，需考虑内部设备布局美观，安装、调试方便，综合布线清晰，外形统一。组件柜壳体应留有接地端子，以便使用专用接地线连接。

电容器/电抗器智能组件柜

元件名称	数量	制造商	备注
断路器智能组件柜	1		
智能终端	1		
高密度免熔接光纤配线架	1		按需
空调	1		

主变压器 66kV 智能组件柜

元件名称	数量	制造商	备注
断路器智能组件柜	1		
智能终端	2		
高密度免熔接光纤配线架	2		按需
空调	1		

站用变 66kV 智能组件柜

元件名称	数量	制造商	备注
断路器智能组件柜	1		
智能终端	2		其中1台由站变厂家提供，智能组件柜厂家组屏
高密度免熔接光纤配线架	2		按需
空调	1		

（5）66kV CVT。66kV 电容式电压互感器每组设置 1 面断路器智能控制柜。智能控制柜由一次设备生产厂家统一布置，需考虑内部设备布局美观，安装、调试方便，综合布线清晰，外形统一。组件柜壳体应留有接地端子，以便使用专用接地线连接。

66kV TV 智能组件柜

元件名称	数量	制造商	备注
母线 PT 智能组件柜	1		
智能终端	1		
高密度免熔接光纤配线架	1		按需
空调	1		

电压互感器汇控柜中电压互感器出口空气开关采用 1P 空气开关，接至保护柜，进保护装置之前，设置 1 个 3P 空气开关。

（6）站用变压器。66kV 站用变压器本体智能终端与站变断路器智能终端合组 1 面智能控制柜。66kV 站用变压器配置独立智能终端。

35kV 站用变压器采用常规保护测控装置，不配置智能控制柜及对应智能终端。

三、一键顺控设计技术要求

一键顺控设计范围和技术原则严格执行《国网新疆电力有限公司关于印发

变电站扩建工程一键顺控功能实施原则的通知》（新电建设〔2022〕309 号）《国网设备部关于印发变电站一键顺控技术导则（试行）的通知》（设备变电〔2021〕28）两个文件要求。

四、智能辅助控制系统

（一）总体要求

变电站辅控系统设计宜遵循一体设计、数字传输、标准接口、远方控制及智能联动等原则，采用自主可控、安全可靠、先进适用的软件和硬件。变电站辅控系统应采用开放式系统架构，遵循设备集成、功能优化整合的原则，系统功能和设备配置应满足变电站运行管理模式的要求。变电站辅控系统在规模内扩建时，各功能和运行状态不应受扩建影响。站控层设备应按终期规模配置，前端传感设备及汇聚处理设备按本期建设规模配置。

（二）系统架构

辅助设备智能监控系统，由综合应用服务器、智能巡视主机、各子系统前端设备及通信设备组成。子系统包含一次设备在线监测子系统、火灾消防子系统、安全防卫子系统、动环子系统、智能锁控子系统、智能巡视子系统等，实现一次设备在线监测、火灾、消防、安全警卫、动力环境的监视及控制、智能锁控、安全环境监视及设备智能巡视等功能。

站控层统一采用 DL/T 860 通信报文。一次设备在线监测子系统、火灾消防子系统、安全防卫子系统、动环子系统部署于安全Ⅱ区，信息接入综合应用服务器，通过Ⅱ区网关机与运维主站交互信息；智能巡视子系统部署于安全Ⅳ区，信息接入智能巡视主机，通过Ⅳ区网关机与运维主站交互信息。

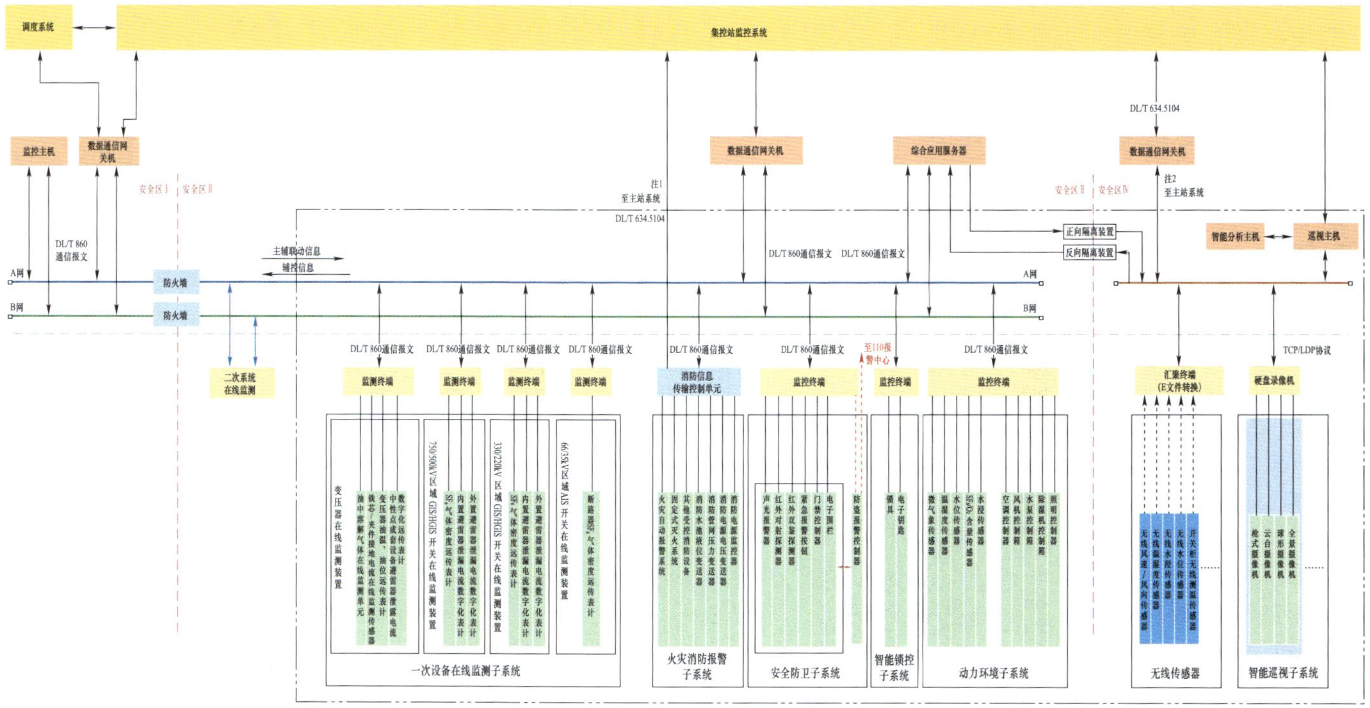

注1：在无站端系统或者网关机的情况下，应支持通过DL/T 634.5104协议与集控站监控系统通信。

注2：当集控站未部署完毕时，在过渡期阶段安全区Ⅳ信息应支持通过数据网关机，采用DL/T 634.5104协议与运维主站通信。

——有线网络通道　- - - - - 无线网络通道

变电站辅助设备智能监控系统架构图

招标中只包含其中的火灾消防子系统、安全防卫子系统、动环子系统、智能锁控子系统、智能巡视子系统等设备。在线监测子系统一般不在技术规范书招标范围内，但智能辅控中标厂家需整合在线监测子系统至本套变电站辅助设备智能监控系统，实现《国网基建部关于开展变电站模块化建设 2.0 版示范建设的通知》（基建技术〔2021〕31 号）所需的功能。

（三）一次设备在线监测子系统

变电站一次设备在线监测子系统实现包含油温及油位监测、变压器油中溶解气体监测、铁芯夹件接地电流监测、避雷器泄漏电流监测、绝缘气体密度监测、开关触头测温等功能，配置前端监测设备。

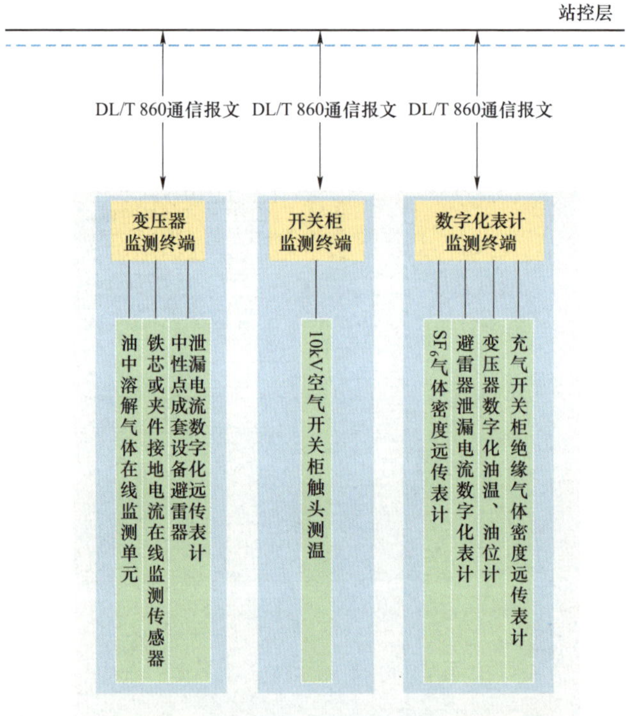

一次设备在线监测子系统框架图

前端设备（主设备厂家提供）实时采集各一次设备状态信息，点对点传输至就地配置的一次设备在线监测 IED，IED 采用 DL/T 860 协议将数据整合上送至综合应用服务器，并发送给智能巡视主机。

（四）火灾消防子系统

变电站火灾消防子系统由消防信息传输控制单元、火灾自动报警系统以及模拟量变送器等设备组成，配合火灾自动报警系统，实现站内火灾报警信息的采集、传输和联动控制。

火灾自动报警系统内的前端设备通过总线上送数据至消防信息传输控制单元，消防信息传输控制单元采用标准协议将数据整合上送至综合应用服务器，并发送给辅助设备监控主机。

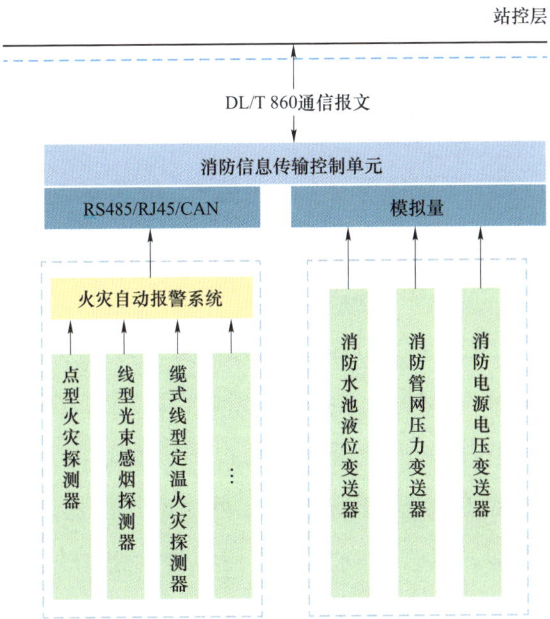

火灾消防子系统框架图

系统应具备接入火灾自动报警系统及模拟量变送器等设备的功能，火灾报警控制器配合消防信息传输控制单元，实现站内火灾报警信息的采集、传输。火灾自动报警系统应具备声光报警功能与消防联动控制功能，火灾发生时，及时发出声光报警信号，自动停止送、排风系统和空调系统的运行。消防控制室应设置可直接报警的外线电话。

火灾消防子系统控制器（火灾报警厂家提供、单独招标）应具有以下功能。

（1）显示整个消防系统的工作状态，执行整个消防系统的基本控制；联接火灾探测器、手动报警按钮等的动作信号并接受其反馈信号；不断监察、报告各探测器的工作情况和回路的短路、开路情况；自动控制应有延时功能。火灾报警自检、故障报警、消音复位、火灾优先、报警记忆、电源转换自动充电、备用电源欠压过压报警等功能。

（2）能够重复显示保护对象状态。

（3）监控主、备用电源自动切换。

（4）能发出火灾报警信号供远方（所内综合自动化系统）使用。

（五）安全防卫子系统

变电站安全防卫子系统按照安全防范要求，配置安防监控终端、防盗报警控制器、门禁控制器、电子围栏、红外双鉴探测器（建筑房门）、红外对射探测器（站区大门）、声光报警器、紧急报警按钮等设备。

前端设备通过 RJ45、I/O、RS485 等接口方式与安防监控终端进行通信，安防监控终端采用 DL/T 860 协议将数据整合上送至综合应用服务器，并发送给智能巡视主机，实现站端安全警卫信息的采集和监控。

系统应具备接入红外双鉴探测器、红外对射探测器、门禁控制器以及电子围栏等设备的功能，实现站内周界入侵告警信息的采集和传输。系统应具备布防和撤防功能，满足现场多种运行方式。系统应具备对读卡器、开门按钮等门禁设备的控制和管理功能，实现站内人员出入信息的采集、存储和上送。应具备多种开门方式，满足刷卡开门、密码开门、卡和密码开门、多卡开门、远程控制开门等多种需求。系统应具备紧急情况下的一键报警功能。

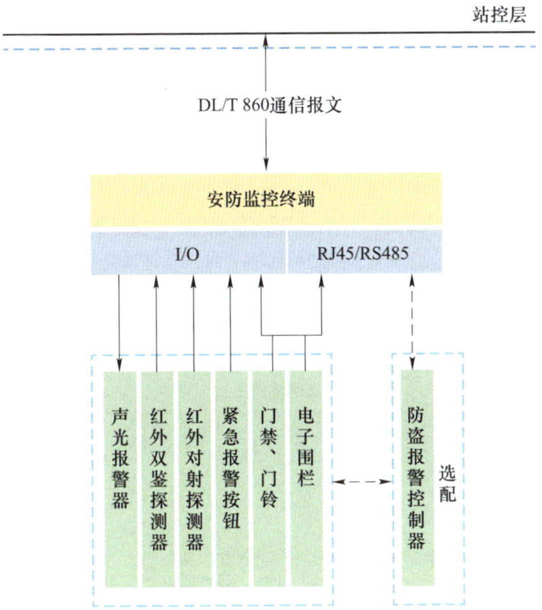

安全防卫子系统框架图

（六）动环子系统

变电站动环子系统包括动环监控终端、空调控制器、风机控制器、水泵控制器、温湿度传感器、水位传感器等设备。

前端设备通过 RS485、I/O 等接口方式与动环监控终端进行通信，动环监控终端采用 DL/T 860 协议将数据整合上送至综合应用服务器，并发送给辅助设备监控主机，实现站端环境数据的实时采集和监控。

系统应具有对微气象、温湿度、水位、漏水等传感器接入功能，实现站内环境数据的实时采集、处理和上送。系统应具有对空调、采暖、风机、水泵等设备的控制功能。应能对环境异常及时告警，可对各种环境信息告警值进行设定。环境监测传感器应具有正常工作指示功能及异常告警功能。

（七）智能锁控子系统

变电站锁控子系统由锁控监控终端、电子钥匙、锁具等配套设备组成。

自成后台系统，后台具备上送开锁任务、人员及锁具配置信息，下发开锁任务至电子钥匙等功能。预留锁控监控终端接入辅助设备智能监控系统的接口。

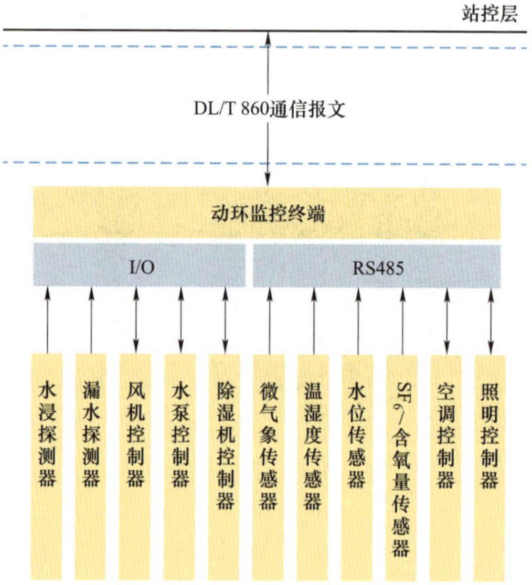

动环子系统框架图

系统应具备对变电站内各类锁具（不含防止电气误操作的锁具）和电子钥匙的控制和管理功能，实现开锁权限、开锁记录和开锁流程的智能化管控。系统应具备身份认证功能，包括刷卡、密码等多种认证方式。应具备上送开锁任务、人员及锁具配置信息，下发开锁任务到电子钥匙等功能。应具备在网络故障情况下通过锁控监控终端直接对钥匙进行授权操作功能，并对授权信息和开锁信息进行记录。

（八）智能巡视子系统

变电站智能巡视子系统含智能巡视主机、硬盘录像机及摄像机等前端设备，应支持枪式摄像机、球形摄像机、高清视频摄像机等设备的接入，实现变电站巡视数据的集中采集和智能分析。

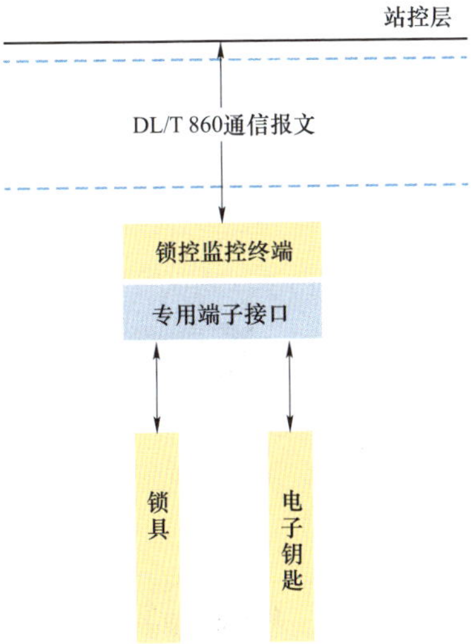

智能锁控子系统框架图

前端设备相关视频图像及告警信息采用 TCP/IP 协议上传至智能巡视主机，并可通过智能巡视主机，实现与安全Ⅰ、Ⅱ区的联动。

系统应具备接入前端各类摄像机的功能，实现变电站巡视数据的集中采集和智能分析。摄像机的配置应满足变电站安全防范、设备运行状态监视及设备智能巡视等功能要求。智能巡视主机应具备与安全Ⅰ、Ⅱ区主机的联动功能。

智能巡视主机部署在变电站，对视频设备实现统一接入、下发控制和分析巡视结果，并与上级系统进行交互；控制视频设备开展室内外设备联合巡视作业，接收巡视数据、采集文件，对采集的数据进行智能分析，形成巡视结果和巡视报告，及时发送告警；同时具备实时监控、与主辅设备监控系统智能联动等功能。

智能巡视主机图像识别功能采用计算机图像处理、分析等技术，对图像中的目标和对象特征进行提取，以识别出图像中不同目标和对象区域。对不同时间、同一监控场景、相同目标和对象的多幅图片，提取出相同目标和对象在多幅图片中的差异性特征，并找出存在差异时的目标和对象区域。

巡视系统应具备实时监控、与主辅设备监控系统智能联动等功能。

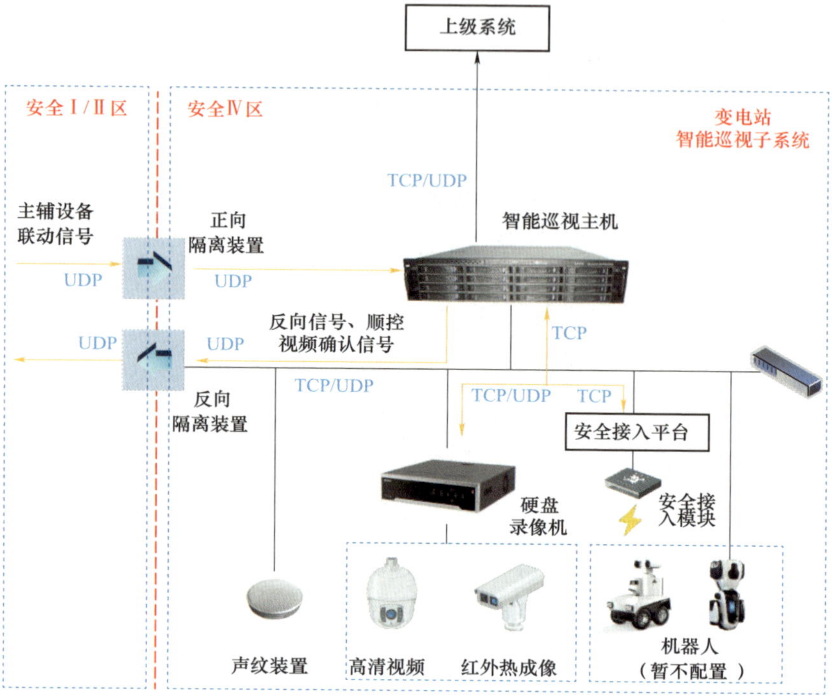

智能巡视子系统框架图

（九）联动功能

（1）智能联动含主辅联动、子系统间联动及子系统内部联动功能。

（2）应支持监控主机、综合应用服务器及智能巡视主机之间联动控制，在智能巡视主机进行巡视期间，应支持向监控主机、综合应用服务器发送联动任务功能。

（3）当智能巡视主机接到联动信号时，应支持根据配置的联动信号和巡视点位的对应关系，自动生成巡视任务，对需要复核的点位进行巡视。

（4）应能实现用户自定义的设备联动，包括照明、暖通、火灾、消防、环境监测等相关设备的联动。

（5）发生火灾时，联动报警设备所在区域的摄像机跟踪拍摄火灾情况、自动解锁房间门禁，自动切断风机、电暖气、空调电源。

（6）发生非法入侵时，打开报警防区的灯光照明、联动报警设备所在区域的摄像机，并启动报警功能。

（7）通过对室内环境温度、湿度的实时采集，自动启动或关闭风机、空调、电暖气系统。

（8）有排水需求的建筑（水泵房）发生水浸及水位越限时，自动启动相应的水泵排水并启动报警功能。

（9）发生设备动作时，摄像头与主设备厂家联动。

（十）数据存储

数据存储应满足以下要求。

（1）系统应能对环境信息、告警信息、联动信息、人员自动跟踪定位视频图像、告警/联动视频图像进行集中存储。

（2）环境信息采样数据应能保存1个月，存储周期为10s～10min可调；日均值、每日最高、最低值应能保存20年。

（3）告警历史记录应能保存10年。

（4）人员自动跟踪定位视频数据和告警/联动视频数据应能保存1个月。

（5）视频图像存储应支持循环写入和非循环写入两种模式，支持定时和事件两套压缩参数。

（6）视频录像触发模式包括手动、定时、告警、联动、人员自动跟踪定位、移动侦测等。

（7）支持按事件查询文件，支持按通道号、类型、起止时间等条件进行存储数据的检索和查阅。

（十一）视频显示与录像回放

视频显示与录像回放应满足以下要求。

（1）应能进行实时图像监视，彩色图像不少于4通道、每通道以每秒25帧的速率实时传送和播放；视频图像大小随意可调；支持VGA/HDMI、主辅视频及辅助视频端口的本地输出，VGA最高分辨率可达1280×1024，HDMI

分辨率最高可达 1920×1080。

（2）支持 1/4/9/16 画面预览，预览通道顺序可调；支持预览分组切换、手动切换或自动轮巡预览，自动轮巡周期可设置；支持预览的电子放大；可屏蔽指定的预览通道。

（3）支持视频移动侦测、视频丢失检测、视频遮挡检测、视频输入异常检测；支持视频隐私遮盖。

（4）支持多种主流云台解码器控制协议，支持预置点、巡航路径及轨迹；云台控制时，支持鼠标点击放大、鼠标拖动跟踪功能。

（5）支持录像回放时对任意区域进行局部电子放大；支持回放时的暂停、快放、慢放、前跳、后跳，支持鼠标拖动定位；支持多路同步回放，可通过资源配置加以调整。

（十二）自动对时要求

系统应具备自动对时功能，时间采集源为全站统一的授时时钟，应支持 SNTP 或 IEC 61588。

（十三）远程巡视

远程巡视应满足以下要求。

（1）根据变电站运维人员需求实现巡视功能，巡视范围能覆盖到站巡视、特殊巡视等巡视范围，可按照设备、安防、特殊要求进行巡视。

（2）可实现手动、自动和定时三种巡视模式。

（3）巡视结束后，具备自动生成巡视报告功能，并可以导出巡视报告，供运维人员后期复核。

（4）具备运程巡视录像查询功能，可以根据变电站、时间段、巡视人员等查询条件查询巡视录像，对查询到的巡视录像进行回放。

（5）具备远程巡视日志查询功能，可根据变电站、时间段、巡视人员等查询条件查询自动巡视报警及巡视操作信息等。

（十四）接入主站要求

供方提供的各类软件产品和硬件产品都应符合接入主站的技术要求，其中智能巡视子系统应能按照《电网视频监控系统及接口》与变电站视频监控系统进行信息交互，并与地区中心主站之间采用 SIP 协议进行通信，一次设备在线监测子系统、火灾消防子系统、安全防卫子系统、智能锁控子系统、动环监控等子系统接入变电站的站端综合应用服务器，站端综合应用服务器能与主站之间采用 IEC 103 规约进行通信。智能辅助监控系统在变电站现场安装完成后，应按照国家电网公司相关技术要求，接入主站并在主站端实现本技术规范要求的各项功能。

（十五）电源要求

（1）变压器监测终端、开关监测终端、容性设备及避雷器监测终端宜采用站内 AC 220V 交流电源供电。

（2）火灾自动报警系统应采用交流不间断电源（UPS）供电。

（3）消防信息传输控制单元应采用交流不间断电源（UPS）供电或 DC 220V 直流电源供电。

（4）安防监控终端、防盗报警控制器、门禁控制器、脉冲电子围栏宜采用站内 AC 220V 交流电源供电。

（5）动环监控终端宜采用站内 AC 220V 交流电源供电。无线汇聚节点宜采用站内 AC 220V 交流电源供电。

（6）锁控监控终端宜采用站内 AC 220V 交流电源供电。

（7）智能巡视子系统应配置一套综合电源系统。综合电源提供两路 AC 220V 交流电源输入接口，当主供电线路停电时，可自动切换到备用供电线路；各区域前端采集设备电源由综合电源集中辐射式供电，自动开关的级差配合及灵敏度应满足《220kV～1000kV 变电站站用电设计技术规范》（DL/T 5155—2016）的相关要求。

（8）智能巡视子系统宜按区域范围就近汇集的原则配置汇控箱，汇控箱内安装交换机及电源模块等设备。汇控箱防等级不低于 IP55，并具有良好的通风、散热措施。

五、计量专业统一技术要求

（一）计量点设置原则

（1）根据《电能量计量系统设计规程》（DL/T 5202—2022）要求，关口计量点应设置在产权分界处。

（2）根据《电能计量装置技术管理规程》（DL/T 448—2016）规定，220kV 及以上贸易结算用电能计量装置，500kV 及以上考核用电能计量装置为Ⅰ类电能计量装置，Ⅰ类电能计量装置宜配置型号、准确度等级相同的主副两只电能表。故全站 750kV 线路、220kV 贸易结算线路、主变压器高压侧及中压侧表计均应按 1+1 配置满足 4 位小数传输的电子式多功能电能表，表计精度：有功 0.2S 级，无功 2.0 级，表计接入辅助电源。

（3）220kV 考核线路、主变压器低压侧、外接电源、电容电抗、站用变等表计应按 1+0 配置，表计选择满足 4 位小数传输的电子式多功能电能表，表计精度：有功 0.2S 级，无功 2.0 级，表计接入辅助电源。（注：根据规定，750kV、220kV 电压等级关口计量点表计不可使用智能电能表）

（4）750kV 变电站中发电上网关口、售电关口等贸易结算关口表计，应按 1+1 配置满足现货交易功能的多功能电能表，表计精度：有功 0.2S 级，无功 2.0 级，参与贸易结算的关口电能表技术要求需满足《关于规范现货交易用关口电能表、采集终端技术要求的通知》，表计接入辅助电源。

（5）各继电保护室内每个电能表屏均配置光纤通道及配套光电转换器，不同电能表屏不建议共用一套光电转换装置，且一个继电保护室内备用一个光电转换器（已运行站的光电转换器故障率较高）。

（二）电能计量装置接线方式

（1）接入中性点绝缘系统的电能计量装置，应采用三相三线电能表，接入非中性点绝缘系统的电能计量装置，应采用三相四线电能表。

（2）接入中性点绝缘系统的电压互感器，35kV 及以上的宜采用 Yy 方式接线；35kV 以下的宜采用 V/v 方式接线。接入非中性点绝缘系统的电压互感器，宜采用 Y_0y_0 方式接线，其一次侧接地方式和系统接地方式相一致。

（3）三相三线制接线的电能计量装置，其 2 台电流互感器二次绕组与电能表之间应采用四线连接。三相四线制接线的电能计量装置，其 3 台电流互感器二次绕组与电能表之间应采用六线连接。

（4）在 3/2 断路器接线方式下，参与“和相”的 2 台电流互感器，其准确度等级、型号和规格应相同，二次回路在电能计量屏端子排处并联，在并联处一点接地。

（三）电能计量装置配置原则

（1）电能表应支持《多功能电能表通信协议》（DL/T 645—2007）拓展规约，满足四位小数传输要求。

（2）互感器二次回路导线应采用铜质单芯绝缘线，对电流二次回路，连接导线截面积应按电流互感器的额定二次负荷计算确定，至少应不小于 $4mm^2$，对电压二次回路，连接导线截面积应按允许的电压降计算确定，至少应不小于 $2.5mm^2$。

（3）互感器额定二次负荷的选择应保证接入其二次回路的实际负荷在 25%～100%额定二次负荷范围内。二次回路接入静止式电能表时，电压互感器额定二次负荷不宜超过 10VA，额定二次电流为 5A 的电流互感器额定二次负荷不宜超过 15VA，额定二次电流为 1A 的电流互感器额定二次负荷不宜超过 5VA。电流互感器额定二次负荷的功率因数应为 0.8～1.0；电压互感器额定二次负荷的功率因数应与实际二次负荷的功率因数接近。

（四）电能量采集终端的配置及要求

（1）750kV 变电站内电能量采集终端应配置满足现货交易功能的电能量采集终端，至少具备 4 个网口，8 路及以上 RS 485 通信接口，同时终端需满足网络安全相关要求。

（2）电能量采集终端应支持 2019 版新疆 102 规约、西北 102 规约通信，支持网调、省调双平面数据传输功能，支持站内后台数据采集。

（3）参与贸易结算的电能量采集终端技术要求需满足《关于规范现货交易用关口电能表、采集终端技术要求的通知》，配置交流和直流双电源。

（五）互感器现场检验工作流程

（1）工作任务下达。国网新疆建设分公司向国网营销服务中心综合管理部派发互感器现场检验工作任务单，同时告知 750kV 变电站新/扩建工程现场负责人及调试单位现场负责人的姓名与联系方式，综合管理部接收后，向现场检验部下发互感器现场检验工作任务书。

（2）准备工作。现场检验部接收到工作任务书后，确定合适的工作负责人、到岗到位人员及工作班成员，报送工作计划，清点并领取设备与安全工器具。工作负责人与国网新疆建设分公司现场负责人、调试单位现场负责人对工作相关内容进行沟通，约定工作时间。

（3）现场开工。现场检验部工作负责人与国网新疆建设分公司现场负责人共同办理工作票，待工作票签发、许可后正式开展工作。工作班成员将记录相关试验数据填至原始记录表内

（4）清理现场及试验结果反馈。现场检验完成后，工作班成员打扫并清理现场，工作负责人待工作班成员撤离现场后，向工作许可人履行工作票终结手续。

（5）国网营销服务中心于工作结束后 15 个工作日内出具检测报告，国网新疆建设分公司现场负责人联系国网营销服务中心收发室领取（或邮寄）检测

报告。

（六）计量验收工作流程

（1）工作任务下达。国网新疆建设分公司向国网营销服务中心综合管理部派发计量验收工作任务单，同时告知 750kV 变电站新/扩建工程现场负责人及调试单位现场负责人的姓名与联系方式，综合管理部接收后，向现场检验部下发计量验收工作任务书。

（2）准备工作。现场检验部接收到工作任务书后，确定合适的工作负责人、到岗到位人员及工作班成员，报送工作计划，清点并领取设备与安全工器具。工作负责人与国网新疆建设分公司现场负责人、调试单位现场负责人对工作相关内容进行沟通，约定计量验收工作时间。

（3）现场开工。现场检验部开展计量验收工作，所查处缺陷记录至《国网新疆电力公司×××变电站验收缺陷单》，同时告知国网新疆建设分公司现场负责人，业主单位、监理单位、验收单位三方签字确认并限期整改。

（4）国网新疆建设分公司现场负责人按照期限对所查缺陷完成整改，提供相应佐证材料。

（七）计量变比下达工作流程

（1）工作任务下达。国网新疆建设分公司向国网营销服务中心综合管理部派发计量变比下发工作任务单，同时告知 750kV 变电站新/扩建工程现场负责人及调试单位现场负责人的姓名与联系方式，综合管理部接收后，向现场检验部下发计量变比下达工作任务书。

（2）现场检验部接收到工作任务书后，与国网新疆建设分公司现场负责人、调试单位现场负责人对工作相关内容进行沟通。国网新疆建设分公司现场负责人向现场检验部提供需要下装变比线路的电流互感器铭牌信息及保护变比定值单。

（3）现场检验部确定计量变比后，下发《关口计量装置电流互感器变比定值通知单》，通过拍照方式将所下发计量变比反馈至国网新疆建设分公司现场负责人。

六、一体化电源系统统一技术要求

（一）通用要求

1. 系统组成

站用交直流一体化电源系统由站用交流电源、直流电源、交流不间断电源（UPS）、逆变电源等装置组成，并统一监视控制，共享直流电源的蓄电池组。

2. 系统功能要求

系统应符合《智能变电站技术导则》（Q/GDW 383—2009）中第 8.4 条、《330kV～750kV 智能变电站设计规范》（Q/GDW 394—2009）中第 6.3.4 条的规定。各电源应进行一体化设计、一体化配置、一体化监控，其运行工况和信息数据能够上传至远方控制中心，能够实现就地和远方控制功能，能够实现站用电源设备的系统联动。

（1）系统中各电源通信规约应相互兼容，能够实现数据、信息共享。

（2）系统的总监控装置应通过以太网通信接口采用 DL/T 860 与变电站后台设备连接，实现对一体化电源系统的远程监控维护管理。

（3）系统具有监视交流电源进线断路器、交流电源母联断路器、直流电源交流进线断路器、充电装置输出断路器、蓄电池组输出保护电器、直流母联断路器、交流不间断电源（逆变电源）输入断路器、直流变换电源输入断路器等状态的功能，上述断路器选择智能型断路器，具备远方控制及通信功能。其中 0.4kV 抽屉开关保护定值可调、分合位置上传功能，0.4kV 手车开关具备试验位置、远方、就地等信号上传、电气闭锁、控制回路监视、发事故总功能、手跳、保护跳等闭锁备自投功能。

（4）系统具有监视站用交流电源、直流电源、蓄电池组、交流不间断电源（UPS）、逆变电源等设备运行参数的功能。

（5）系统能监测交流电源馈线、直流电源馈线断路器的脱扣告警信号功能。

（6）系统具有交流电源切换、充电装置充电方式转换等功能。

（7）系统空开满足极差配置，设计在通用技术规范书中选择。

3. 直流电源

（1）直流系统电压。750kV 变电站操作电源额定电压采用 220V。

（2）蓄电池型式、容量及组数。直流系统采用两套阀控式密封免维护铅酸蓄电池组、胶体蓄电池组，每组蓄电池组容量按无人值班 2h 放电考虑。

（3）充电装置台数及型式。直流系统采用高频开关充电装置，配置三套两充一备。每个充电模块配置独立的空开。

（4）直流系统接线方式。直流系统应采用两段单母线接线，两段直流母线之间应设置联络断路器。

每组蓄电池及其充电装置应分别接入不同母线段。

直流系统接线应满足正常运行时两段母线切换时不中断供电的要求，切换过程中允许两组蓄电池短时并列运行。

每组蓄电池均应设专用的试验放电回路，试验放电设备经隔离和保护电器直接与蓄电池组出口回路并接。

（5）直流系统供电方式。直流系统采用主分屏两级方式，辐射型供电。本工程在交直流配电室设置直流馈线柜，根据直流负荷分布情况，在继电器设置直流分屏，各单元的测控、保护、故障录波、自动装置等负荷均从直流分屏引接。直流馈线屏至每面分屏每段各引一路电源。

对于智能控制柜，以柜为单位配置直流供电回路。当智能控制柜内仅布置有单套配置（或双重化配置中的某一套）的保护测控、智能终端、过程层交换机等装置时，配置一路公共直流电源。当智能控制柜内同时布置有双重化配置的保护测控、智能终端、过程层交换机等装置时，配置两路公共直流电源。智能控制柜内各装置共用直流电源，采用独立的空气断路器分别引接。

（6）直流系统设备布置。蓄电池采用组架安装方式布置于专用蓄电池室，两组蓄电池各设蓄电池室。

直流系统主馈屏和充电装置与蓄电池室应邻近布置，并且布置于交直流配电室。

（7）其他设备配置。每套充电装置配置一套微机监控单元，根据直流系统运行状态，综合分析各种数据和信息，对整个系统实施控制和管理，并通过 DL/T 860 将信息上传至一体化电源系统的总监控装置。

每套蓄电池配置一套蓄电池巡检仪，检测蓄电池单体运行工况，对蓄电池充、放电进行动态管理。蓄电池巡检装置应具有单只蓄电池电压和整组蓄电池电压检测、内阻检测功能，并通过 DL/T 860 将信息上传至一体化电源系统的总监控装置。

在直流主馈屏和分屏上装设直流绝缘监测装置，在线监视直流母线的电压，过高或过低时均发出报警信号，并通过 DL/T 860 将信息上传至一体化电源系统的总监控装置。交直流室直流绝缘监测装置接地告警响应时间需满足《变电站直流系统绝缘监测装置技术规范》（Q/GDW 1969—2013）中“5.7.3（d）：任意点绝缘下降信息发出到信息显示的时间不大于 15s”的要求。

蓄电池出口、充电装置直流侧出口回路、直流馈线回路和蓄电池试验放电回路应装设保护电器。除蓄电池出口，其他保护电器采用专用直流空气断路器，分馈线断路器与总断路器之间至少保证 3 级级差。直流分电屏装设母线电压表。蓄电池出口熔断器必须有熔断、拔除告警上传功能。

4. 交流不停电电源系统

750kV 变电站配置两套交流不停电电源系统（UPS），采用主机冗余配置方式，容量为 2×15kVA。UPS 为静态整流、逆变装置。UPS 为单相输出，输出的配电柜馈线应采用辐射状供电方式。UPS 正常运行时由站用交流电源供电，当输入电源故障消失或整流器故障时，由变电站直流系统供电。

UPS 的正常交流输入端、旁路交流输入端、直流输入端、逆变器的输入和输出端及 UPS 输出端应装设保护电器。交流输入、旁路交流应采用不同母线段。

5. 一体化电源系统总监控装置

总监控装置作为一体化电源系统的集中监控管理单元，应同时监控站用交流电源、直流电源、交流不间断电源（UPS）、逆变电源等设备。对上通过 DL/T 860 与变电站站控层设备连接，实现对一体化电源系统的远程监控维护管理；对下通过总线或 DL/T 860 与各子电源监控单元通信，各子电源监控单元与成套装置中各监控模块通信。所有节点信号上送必须符合《新疆电网 750kV 变电站监控信息采集规范要求》（电调〔2016〕50 号）。

总监控装置的监控功能、报警功能应满足《站用交直流一体化电源系统技术规范》（Q/GDW 576—2010）的规定。

保护电器选择、选择性配合参见《电力工程直流系统设计技术规程》（DL/T 5044—2014）的相关要求。

二次配线号码管标注满足《继电保护及二次回路安装及验收规范》（GB/T 50976—2014）4.5.7 中“电缆芯线应标明回路编号、电缆编号和所在端子位置，内部配线应标明所在端子位置和对端端子位置”的要求。

6. 其他要求

（1）所有采集装置均需采用独立空气开关供电。

（2）不得出现端子排压双芯线情况。

（3）各类小母排均应设置绝缘护套。

（4）直流母排引出的正负接线需过端子排，不能直接接至空气开关上端。

（5）各装置背部排插接线需安装插针式线鼻子，不得有直接裸线接入。

（6）各端子排需采取透明绝缘防护隔板。

（7）屏柜内照明灯具需设有防护罩。

（8）所有装置接线需经端子排后接至其他位置。

（9）装置、元件需标识清楚，编号准确，图实相符。

（10）电压电流回路、试验端子排禁止横置。

（11）端子排与其他装置距离必须大于 350mm。

（12）屏柜端子排距地面距离必须大于 350mm

（13）交流分电柜需 ATS 切换。

（二）招标用技术规范书统一模板

技术参数选填表［750kV（智能）一体化电源系统］

项目单位：见货物清单		项目名称：见货物清单		
序号	参数名称	单位	项目需求标准选项值	项目需求值或表述
1	充电单元	—	—	
1.4	直流电压调节范围	V	A：99～143（DC 110V）； B：198～286（DC 220V）	
2	ATS	—		
2.1	额定电压	V	A：380；B：220	
3	UPS 电源	—	—	
3.1.1	交流输入电压	V	A：AC380V；B：AC220V	
3.1.2	直流输入电压	V	A：DC 110V；B：DC 220V	
4	通信电源	—		
4.1	输入额定电压	V	A：DC110V；B：DC220V	
选填规定	（1）本表由项目单位（或者委托的设计单位）根据项目货物实际，从“项目需求标准选项值”选择填写唯一标识（ABC……）或者阿拉伯数字，填写进“项目需求值或表述”栏；标识为“—”的字段无须填写具体信息。 （2）不得删减或者增列本表及其主表（表 1 技术特性参数表）的任何条目			

组件材料选填表（变电站一体化电源）

项目单位：见货物清单						项目名称：见货物清单						
序号	货物规格型号										项目货物需求值	
	元件名称	配置标准选项值										
		规格型式	数量								规格	数量
1	交流电源											
1.1	交流柜	以下为每套交流柜配置	0	1	2	3	4	5	6	7		
1.1.1	交流电源容量	500（330）kV 及以上变电站 A：500kVA； B：630kVA； C：800kVA； D：1000kVA； E：1250kVA； F：1600kVA； G：2000kVA； H：2500kVA										
1.1.2	ATS 或同等产品模块额定电流	A：ATS； B：同等产品模块	—	—	—	—	—	—	—	—		
		500（330）kV 及以上变电站 A：1000A；B：1250A； C：1600A；D：2000A； E：2500A；F：3150A； G：4000A；H：5000A										
1.1.3	交流进线断路器额定运行分断能力	A：20kA；B：25kA； C：30kA；D：35kA； E：50kA；F：60kA； G：75kA；H：90kA	—	—	—	—	—	—	—	—		
1.1.4	交流进线断路器（带电子脱扣器）	500（330）kV 及以上变电站 A：1000A；B：1250A； C：1600A；D：2000A； E：2500A；F：3150A； G：4000A；H：5000A	0	2	3	4	5	6	—	—		
1.1.5	进线断路器型式	A：框架式； B：塑壳式	—	—	—	—	—	—	—	—		

续表

项目单位：见货物清单			项目名称：见货物清单									
序号	货物规格型号										项目货物需求值	
	元件名称	配置标准选项值										
		规格型式	数量								规格	数量
1.1.6	防雷模块等级	A：C 级；B：B+C 级；C：B+C+D 级	0	1	2	—	—	—	—	—		
1.1.7	三相数字电压表（0.5 级）	满足通用技术要求	1	2	3	6	—	—	—	—		
1.1.8	三相数字电流表（0.5 级）	满足通用技术要求	1	2	3	6	—	—	—	—		
1.1.9	三相四线全电子多功能电度表	精度 0.5 级	0	1	2	3	—	—	—	—		
1.1.10	交流馈线断路器（带电子脱扣器）	A：16A，2P； B：16A，3P； C：20A，2P； D：20A，3P； E：25A，2P； F：25A，3P； G：32A，2P； H：32A，3P； I：32A，4P； J：40A，2P； K：40A，3P； L：40A，4P；	6	12	18	24	30	—	—	—		
			6	12	18	24	30	—	—	—		
			6	12	18	24	30	—	—	—		
			6	12	18	24	30	—	—	—		
			4	8	12	16	20	—	—	—		
			4	8	12	16	20	—	—	—		
			4	8	12	16	20	—	—	—		
			4	8	12	16	20	—	—	—		
		M：63A，3P； N：63A，4P； O：80A，3P； P：80A，4P； Q：100A，3P； R：100A，4P； S：125A，3P； T：125A，4P； U：160A，3P； V：160A，4P； W：200A，3P； X：200A，4P； Y：250A，3P； Z：250A，4P	2	3	4	5	6	—	—	—		
			2	3	4	5	6	—	—	—		
			2	3	4	5	6	—	—	—		
			2	3	4	5	6	—	—	—		
1.1.11	信号灯	满足通用技术要求	投标人根据交流馈线断路器数量提供									
1.1.12	报警及辅助接点	满足通用技术要求	投标人根据交流馈线断路器数量提供									
1.1.13	馈线断路器型式	A：微断式； B：塑壳式	—	—	—	—	—	—	—	—		

续表

项目单位：见货物清单											项目名称：见货物清单	
序号	货物规格型号										项目货物需求值	
	元件名称	配置标准选项值										
		规格型式	数量								规格	数量
1.1.14	交流进线隔离开关	500（330）kV 及以上变电站 A: 1000A；B: 1250A； C: 1600A；D: 2000A； E: 2500A；F: 3150A； G: 4000A；H: 5000A	0	2	3	4	5	6	—	—		
1.1.15	屏体型式	A：固定式 B：抽屉式	—	—	—	—	—	—	—	—		
1.1.16	交流柜（面）	满足通用技术要求	0	1	2	3	4	5	6	7		
注：交流电源进线断路器、交流电源母联断路器选择智能型断路器，具备远方控制及通信功能。其中 0.4kV 抽屉开关保护定值可调、分合位置上传功能，0.4kV 手车开关具备试验位置、远方、就地等信号上传功能，0.4kV 手车开关具备电气闭锁功能，0.4kV 手车开关具备控制回路监视、发事故总功能，手跳、保护跳等闭锁备自投功能；0.4kV 断路器应配置防误动措施，选用磁吸防误动罩安装牢固可靠												
1.2	交流馈线柜	以下为每套交流馈电柜配置	0	1	2	3	4	—	—	—		
1.2.1	馈线断路器形式	A：微断式； B：塑壳式	—	—	—	—	—	—	—	—		
1.2.2	屏体型式	A：固定式； B：抽屉式	—	—	—	—	—	—	—	—		
1.2.3	交流馈线断路器（带电子脱扣器）	A：16A，2P； B：16A，3P； C：20A，2P； D：20A，3P； E：25A，2P； F：25A，3P； G：32A，2P； H：32A，3P； I：32A，4P； J：40A，2P； K：40A，3P； L：40A，4P； M：63A，3P； N：63A，4P； O：80A，3P； P：80A，4P； Q：100A，3P； R：100A，4P； S：125A，3P； T：125A，4P；	6	12	18	24	30	—	—	—		
			6	12	18	24	30	—	—	—		
			6	12	18	24	30	—	—	—		
			6	12	18	24	30	—	—	—		
			4	8	12	16	20	—	—	—		
			4	8	12	16	20	—	—	—		
			4	8	12	16	20	—	—	—		
			4	8	12	16	20	—	—	—		
			2	3	4	5	6	—	—	—		
			2	3	4	5	6	—	—	—		
			2	3	4	5	6	—	—	—		

续表

项目单位：见货物清单							项目名称：见货物清单					
序号	货物规格型号										项目货物需求值	
	元件名称	配置标准选项值										
		规格型式	数量								规格	数量
1.2.3	交流馈线断路器（带电子脱扣器）	U：160A，3P； V：160A，4P； W：250A，3P； X：250A，4P； Y：400A，3P； Z：400A，4P	2	3	4	5	6	—	—	—		
1.2.4	信号灯	满足通用技术要求	投标人根据交流馈线断路器数量提供									
1.2.5	报警及辅助接点	满足通用技术要求	投标人根据交流馈线断路器数量提供									
1.2.6	交流馈电柜（面）	满足通用技术要求	0	1	2	3	4	5	6	7		
1.3	交流分电柜	以下为每套交流分电柜配置	0	1	2	3	4	—	—	—		
1.3.1	馈线断路器形式	A：微断式； B：塑壳式	—	—	—	—	—	—	—	—		
1.3.2	屏体型式	A：固定式； B：抽屉式	—	—	—	—	—	—	—	—		
1.3.3	交流馈线断路器（带电子脱扣器）	A：16A，2P； B：16A，3P； C：20A，2P； D：20A，3P； E：25A，2P； F：25A，3P； G：32A，2P； H：32A，3P； I：32A，4P； J：40A，2P； K：40A，3P； L：40A，4P； M：63A，3P； N：63A，4P； O：80A，3P； P：80A，4P； Q：100A，3P； R：100A，4P； S：125A，3P； T：125A，4P； U：160A，3P； V：160A，4P； W：200A，3P； X：200A，4P； Y：250A，3P； Z：250A，4P	6	12	18	24	30	—	—	—		
			6	12	18	24	30	—	—	—		
			6	12	18	24	30	—	—	—		
			6	12	18	24	30	—	—	—		
			4	8	12	16	20	—	—	—		
			4	8	12	16	20	—	—	—		
			4	8	12	16	20	—	—	—		
			4	8	12	16	20	—	—	—		
			2	3	4	5	6	—	—	—		
			2	3	4	5	6	—	—	—		
			2	3	4	5	6	—	—	—		
			2	3	4	5	6	—	—	—		

续表

项目单位：见货物清单			项目名称：见货物清单									
序号	货物规格型号										项目货物需求值	
	元件名称	配置标准选项值										
		规格型式	数量								规格	数量
1.3.4	信号灯	满足通用技术要求	投标人根据交流馈线断路器数量提供									
1.3.5	报警及辅助接点	满足通用技术要求	投标人根据交流馈线断路器数量提供									
1.3.6	交流分电柜（面）	满足通用技术要求	0	1	2	3	4	5	6	7		
注：空开满足极差配置；操作把手、切换把手应配置防误动措施												
2	直流电源											
2.1	充电柜	以下为每套充电柜配置	0	1	2	3	4	—	—	—		
2.1.1	交流进线开关（智能型断路器，具备远方控制及通信功能）	A：63；B：100；C：125；D：160A；E：200A；F：250A；G：315A；H：400A；I：500A；J：630A	0	1	2	4	6	—	—	—		
2.1.2	进线切换装置（设备选用质量好的厂家产品）	A：63A；B：100A；C：125A；D：160；E：200A；F：250A；G：315A；H：400A；I：500A；J：630A	0	1	2	3	—	—	—	—		
2.1.3	高频开关电源模块（每个充电模块配置独立的空开）	满足通用技术要求	—	—	—	—	—	—	—	—		
2.1.3.1	高频开关电源模块［500（330）～750kV变电站］	220V 30A充电模块	3	4	5	6	7	8	9	10		
2.1.4	数字交流电压表（0.5级）（块）	满足通用技术要求	0	1	2	—	—	—	—	—		
2.1.5	数字直流电压表（0.5级）（块）	满足通用技术要求	0	1	2	4	—	—	—	—		
2.1.6	数字电流表（0.5级）（块）	满足通用技术要求	0	1	2	4	—	—	—	—		
2.1.7	直流监控模块	满足通用技术要求	0	1	2	3	—	—	—	—		
2.1.8	直流充电柜（面）	满足通用技术要求	0	1	2	3	4	—	—	—		

续表

项目单位：见货物清单			项目名称：见货物清单								
序号	货物规格型号									项目货物需求值	
	元件名称	配置标准选项值									
		规格型式	数量							规格	数量
2.1.10	充电输出开关（智能型断路器，具备远方控制及通信功能）	A：63A；B：80A；C：100A；D：125A；E：160A；F：200A；G：250A，H：315A；I：400A	0	1	2	3	—	—	—	—		

注：直流系统按 3 充配置。充电装置交流电源进线、输出断路器，直流母联断路器应选择智能型断路器，具备远方控制及通信功能。每个充电模块配置独立的空开。每套充电装置配置一套微机监控单元，根据直流系统运行状态，综合分析各种数据和信息，对整个系统实施控制和管理，并通过 DL/T 860 将信息上传至一体化电源系统的总监控装置。操作把手、直流系统切换把手应配置防误动措施

2.2	直流母线进线及联络柜	以下为每套联络柜配置	0	1	2	3	4	—	—	—		
2.2.1	充电输出开关（智能型断路器，具备远方控制及通信功能）	A：80A；B：100A；C：125A；D：160A；E：200A；F：250A；G：315A，H：400A；I：500A	0	1	2	3	—	—	—	—		
2.2.2	联络开关（智能型断路器，具备远方控制及通信功能）	A：100A；B：125A；C：160A；D：200A；E：250A；F：315A；G：400A，H：500A；I：630A	0	1	2	3	4	—	—	—		
2.2.3	直流联络柜（面）	满足通用技术要求	0	1	2	3	4	—	—	—		

注：充电装置输出断路器、直流母联断路器选择智能型断路器，具备远方控制及通信功能。蓄电池出口熔断器必须有熔断、拔除告警上传功能

2.3	直流馈线柜	以下为每套馈线柜配置	0	1	2	3	4	6	8	10		
2.3.1	直流馈线断路器	满足通用技术要求	—	—	—	—	—	—	—	—		
2.3.1.1	是否带三段式保护	A：是；B：否	—	—	—	—	—	—	—	—	A	—
2.3.1.2	110V 直流馈线断路器	A：6A；B：10A；C：16A；D：20A；E：25A；F：32A；G：40A；H：63A；I：80A；J：100A；K：125A；L：160A；M：200A；N：225A；O：250A	6	12	18	24	30	—	—	—		
			6	12	18	24	30	—	—	—		
			6	12	18	24	30	—	—	—		
			2	3	4	5	6	—	—	—		
			2	3	4	5	6	—	—	—		
			2	3	4	5	6	—	—	—		

续表

项目单位：见货物清单												
项目名称：见货物清单												
序号	货物规格型号										项目货物需求值	
	元件名称	配置标准选项值										
		规格型式	数量								规格	数量
2.3.1.3	220V 直流馈线断路器	A：6A；B：10A；C：16A；D：20A；E：25A；F：32A；G：40A；H：63A；I：80A；J：100A；K：125A；L：160A；M：200A；N：225A；O：250A	6	12	18	24	30	—	—	—		
			6	12	18	24	30	—	—	—		
			6	12	18	24	30	—	—	—		
			2	3	4	5	6	—	—	—		
			2	3	4	5	6	—	—	—		
			2	3	4	5	6	—	—	—		
2.3.2	信号灯（个）	满足通用技术要求	投标人根据直流馈线断路器数量提供									
2.3.3	报警及辅助（个）	满足通用技术要求	投标人根据直流馈线断路器数量提供									
2.3.4	降压硅链（含保护器）	A：20A；B：30A；C：40A；D：60A；E：80A	0	1	—	—	—	—	—	—		
2.3.5	具有交流窜直流测记、报警功能的直流馈线接地选检装置共台	满足通用技术要求	0	1	2	—	—	—	—	—		
2.3.6	直流馈线柜（面）	满足通用技术要求	0	1	2	3	4	5	6	7		

注：直流馈线柜馈线断路器采用三段式保护型。在直流主馈屏装设直流绝缘监测装置，在线监视直流母线的电压，过高或过低时均发出报警信号，并通过 DL/T 860 将信息上传至一体化电源系统的总监控装置。交直流室直流绝缘监测装置接地告警响应时间需满足《变电站直流系统绝缘监测装置技术规范》（Q/GDW 1969—2013）中“5.7.3（d）：任意点绝缘下降信息发出到信息显示的时间不大于 15s”的要求。直流绝缘监测装置具备交流窜入检测报警功能

2.4	直流分电柜	以下为每套分电柜配置	0	1	2	4	6	8	10	12		
2.4.1	进线断路器	A：63A；B：80A；C：100A；D：125A；E：160A；F：200A；G：250A，H：315A	0	1	2	—	—	—	—	—		
2.4.2	联络开关	A：63A；B：80A；C：100A；D：125A；E：160A；F：200A；G：250A；H：315A	0	1	2	—	—	—	—	—		

续表

项目单位：见货物清单								项目名称：见货物清单				
序号	货物规格型号										项目货物需求值	
	元件名称	配置标准选项值										
		规格型式	数量								规格	数量
2.4.3	直流馈线断路器	满足通用技术要求	—	—	—	—	—	—	—	—		
2.4.3.1	是否带三段式保护	A：是； B：否	—	—	—	—	—	—	—	—	A	—
2.4.3.2	110V直流馈线断路器	A：6A；B：10A； C：16A；D：20A； E：25A；F：32A； G：40A；H：63A； I：80A；J：100A	6	12	18	24	30	—	—	—		
			6	12	18	24	30	—	—	—		
			6	12	18	24	30	—	—	—		
			2	3	4	5	6	—	—	—		
			2	3	4	5	6	—	—	—		
			2	3	4	5	6	—	—	—		
2.4.3.3	220V直流馈线断路器	A：6A；B：10A； C：16A；D：20A； E：25A；F：32A； G：40A；H：63A； I：80A；J：100A	6	12	18	24	30	—	—	—		
			6	12	18	24	30	—	—	—		
			6	12	18	24	30	—	—	—		
			2	3	4	5	6	—	—	—		
			2	3	4	5	6	—	—	—		
			2	3	4	5	6	—	—	—		
2.4.4	信号灯	满足通用技术要求	投标人根据直流馈线断路器数量提供									
2.4.5	报警及辅助接点	满足通用技术要求	投标人根据直流馈线断路器数量提供									
2.4.6	具有交流窜直流测记、报警功能的直流馈线接地选检装置	满足通用技术要求	0	1	2	—	—	—	—	—		
2.4.7	直流分电柜	满足通用技术要求	0	1	2	3	4	5	6	7		

注：分电屏直流馈线断路器的选择应满足极差配置，分馈线断路器与总断路器之间至少保证3级级差。直流分电屏装设母线电压表。在直流分屏装设直流绝缘监测装置，在线监视直流母线的电压，过高或过低时均发出报警信号，并通过DL/T 860将信息上传至一体化电源系统的总监控装置。交直流室直流绝缘监测装置接地告警响应时间需满足《变电站直流系统绝缘监测装置技术规范》（Q/GDW 1969—2013）中“5.7.3（d)：任意点绝缘下降信息发出到信息显示的时间不大于15s”的要求。直流绝缘监测装置应具备交流窜入检测报警功能

续表

项目单位：见货物清单			项目名称：见货物清单									
序号	货物规格型号										项目货物需求值	
	元件名称	配置标准选项值										
		规格型式	数量								规格	数量
3	通信电源											
3.1	通信电源柜	以下为每套通信电源柜配置	0	1	2	3	4	—	—	—		
3.1.1	通信电源模块电压	A：110V/48V；B：220V/48V	—	—	—	—	—	—	—	—		
	通信电源模块电流	A：10A；B：20A；C：30A	2	3	4	5	6	7	8	9		
3.1.2	防雷模块	满足通用技术要求	0	1	2	—	—	—	—	—		
3.1.3	通信电源监控模块	满足通用技术要求	0	1	—	—	—	—	—	—		
3.1.4	48V 直流馈线断路器	A：6A；B：10A；C：16A；D：20A；E：25A；F：32A；G：40A；H：63A；I：80A；J：100A	6	12	18	24	30	—	—	—		
			6	12	18	24	30	—	—	—		
			6	12	18	24	30	—	—	—		
			2	3	4	5	6	—	—	—		
			2	3	4	5	6	—	—	—		
			2	3	4	5	6	—	—	—		
3.1.5	信号灯	满足通用技术要求	投标人根据 48V 直流馈线断路器数量提供									
3.1.6	报警及辅助接点	满足通用技术要求	投标人根据 48V 直流馈线断路器数量提供									
3.1.7	通信电源输出开关	A：32A；B：40A；C：63A；D：80A；E：100A；F：125A；G：160A，H：200A；I：250A；H：315A；I：400A	0	1	—	—	—	—	—	—		
3.1.8	联络隔离开关	A：63A；B：80A；C：100A；D：125A；E：160A；F：200A；G：250A，H：315A；I：400A；H：500A	0	1	2	—	—	—	—	—		
3.1.9	通信电源柜	满足通用技术要求	0	1	2	—	—	—	—	—		
3.2	通信电源馈电柜	以下为每套通信电源馈电柜配置	0	1	2	3	4	—	—	—		

续表

项目单位：见货物清单						项目名称：见货物清单						
序号	货物规格型号										项目货物需求值	
	元件名称	配置标准选项值										
		规格型式	数量								规格	数量
3.2.1	通信电源输出开关	A：32A；B：40A； C：63A；D：80A； E：100A；F：125A； G：160A，H：200A； I：250A；H：315A； I：400A	0	1	—	—	—	—	—	—		
3.2.2	48V 直流馈线断路器	A：6A；B：10A； C：16A；D：20A； E：25A；F：32A； G：40A；H：63A； I：80A；J：100A	6	12	18	24	30	—	—	—		
			6	12	18	24	30	—	—	—		
			6	12	18	24	30	—	—	—		
			2	3	4	5	6	—	—	—		
			2	3	4	5	6	—	—	—		
			2	3	4	5	6	—	—	—		
3.2.3	信号灯	满足通用技术要求	投标人根据 48V 直流馈线断路器数量提供									
3.2.4	报警及辅助接点	满足通用技术要求	投标人根据 48V 直流馈线断路器数量提供									
3.2.5	通信电源馈电柜	满足通用技术要求	0	1	2	3	4	5	6	7		
4	UPS 电源											
4.1	UPS 电源柜	以下为全站 UPS 电源柜配置	0	1	2	3	4	—	—	—		
4.1.1	单台 UPS 电源容量	A：3kVA；B：5kVA； C：7.5kVA； D：10kVA； E：15kVA； F：20kVA	—	—	—	—	—	—	—	—		
4.1.2	UPS 电源主机	满足通用技术要求	0	1	2	—	—	—	—	—		
4.1.3	交流输入额定电压	A：220V；B：380V	—	—	—	—	—	—	—	—		
4.1.4	直流输入额定电压	A：110V；B：220V	—	—	—	—	—	—	—	—		
4.1.5	馈线断路器	A：6A；B：10A； C：16A；D：20A； E：25A；F：32A； G：40A；H：63A； I：80A；J：100A	6	12	18	24	30	—	—	—		
			6	12	18	24	30	—	—	—		
			6	12	18	24	30	—	—	—		
			2	3	4	5	6	—	—	—		
			2	3	4	5	6	—	—	—		
			2	3	4	5	6	—	—	—		

续表

项目单位：见货物清单						项目名称：见货物清单						
序号	货物规格型号										项目货物需求值	
	元件名称	配置标准选项值										
		规格型式	数量								规格	数量
4.1.6	信号灯		投标人根据交流馈线断路器数量提供									
4.1.7	报警及辅助接点		投标人根据交流馈线断路器数量提供									
4.1.8	隔离变压器	满足通用技术要求										
4.1.9	UPS 电源柜	满足通用技术要求	0	1	2	3	4	5	6	7		
4.2	交流输入断路器（智能型断路器，具备远方控制及通信功能）	单相：A：40A；B：50A；C：63A；D：80A；E：100A；F：125A	—	—	—	—	—	—	—	—		
		三相：A：40A；B：50A；C：63A；D：80A；E：100A；F：125A	—	—	—	—	—	—	—	—		
4.3	直流输入断路器	A：32A；B：40A；C：50A；D：63A；E：80A；F：100A；G：125A；H：160A	—	—	—	—	—	—	—	—		
4.4	总旁路断路器（智能型断路器，具备远方控制及通信功能）	A：32A；B：40A；C：50A；D：63A；E：80A；F：100A；G：125A；H：160A	—	—	—	—	—	—	—	—		
4.5	手动旁路断路器（智能型断路器，具备远方控制及通信功能）	A：32A；B：40A；C：50A；D：63A；E：80A；F：100A；G：125A；H：160A	—	—	—	—	—	—	—	—		
4.6	自动旁路断路器（智能型断路器，具备远方控制及通信功能）	A：32A；B：40A；C：50A；D：63A；E：80A；F：100A；G：125A；H：160A	—	—	—	—	—	—	—	—		
4.7	总馈线断路器	A：32A；B：40A；C：50A；D：63A；E：80A；F：100A；G：125A；H：160A	—	—	—	—	—	—	—	—		
4.8	馈线母线分段断路器	A：63A；B：80A；C：100A；D：125A；E：160A；F：200A；G：250A	—	—	—	—	—	—	—	—		

续表

项目单位：见货物清单			项目名称：见货物清单									
序号	货物规格型号										项目货物需求值	
	元件名称	配置标准选项值										
		规格型式	数量								规格	数量
4.9	UPS 电源馈线柜	以下为每套 UPS 馈线柜配置	0	1	2	3	4	—	—	—		
4.9.1	馈线断路器	A：6A；B：10A；C：16A；D：20A；E：25A；F：32A；G：40A；H：63A；I：80A；J：100A	6	12	18	24	30	—	—	—		
			6	12	18	24	30	—	—	—		
			6	12	18	24	30	—	—	—		
			2	3	4	5	6	—	—	—		
			2	3	4	5	6	—	—	—		
			2	3	4	5	6	—	—	—		
4.9.2	信号灯	满足通用技术要求	投标人根据交流馈线断路器数量提供									
4.9.3	报警及辅助接点	满足通用技术要求	投标人根据交流馈线断路器数量提供									
4.9.4	UPS 馈线柜	满足通用技术要求	0	1	2	3	4	—	—	—		
注：交流不间断电源（逆变电源）输入断路器选择智能型断路器，具备远方控制及通信功能。交流电源输入、旁路交流应采用不同母线段												
5	蓄电池组	以下为每套蓄电池组配置	0	1	2	3	4	—	—	—		
5.1	蓄电池单体电压（V）	A：2V；B：12V	—	—	—	—	—	—	—	—		
5.2	蓄电池节数	满足通用技术要求	52	54	103	104	108	9	10	18		
5.3	蓄电池容量（具备内阻检测功能）	A: 100Ah; B: 200Ah; C: 300Ah; D: 400Ah; E: 500Ah; F: 800Ah; G：1000Ah; H：1200Ah; I：1400Ah; J：1500Ah; K：1600Ah; L：1800Ah; M：2000Ah; N：2500Ah	—	—	—	—	—	—	—	—		
5.4	蓄电池柜（面）	容量＜300Ah	0	1	2	3	4	—	—	—		
5.5	蓄电池架（套）	容量≥300Ah	0	1	2	—	—	—	—	—		
5.6	蓄电池监测模块通信电缆（km）	满足通用技术要求	0.1	0.5	1	—	—	—	—	—		
注：直流系统采用阀控式密封免维护铅酸蓄电池组或胶体蓄电池组，每组蓄电池组容量按无人值班 2h 放电考虑。每组蓄电池配置电池巡检仪，应具有单只蓄电池电压和整组蓄电池电压检测、内阻检测功能，并通过 DL/T 860 将信息上传至一体化电源系统的总监控装置。两组蓄电池应选用不同厂家产品												

续表

项目单位：见货物清单			项目名称：见货物清单									
序号	货物规格型号										项目货物需求值	
	元件名称	配置标准选项值										
		规格型式	数量								规格	数量
6	事故照明屏	以下为每套事故照明柜配置	0	1	2	3	4	—	—	—		
6.1	进线空气开关	A：32A；B：40A；C：63A；D：80A	—	—	—	—	—	—	—	—		
6.2	切换方式	A：接触器式；B：逆变电源式	—	—	—	—	—	—	—	—		
6.3	逆变电源	A：3kVA；B：5 kVA；C：7.5kVA；D：10kVA；E：15kVA	—	—	—	—	—	—	—	—		
6.4	220V 事故馈线空气开关	A：32A	4	6	8	12	16	—	—	—		
		B：20A	4	8	12	16	20	—	—	—		
		C：16A	4	8	12	16	20	—	—	—		
6.5	信号灯	满足同技术要求	投标人根据馈线断路器数量提供									
6.6	事故照明柜	满足通用技术要求	0	1	2	3	4	—	—	—		
7	总监控装置											
7.1	总监控装置	满足通用技术要求	0	1	2	3	4	—	—	—		
注：总监控装置应同时监控站用交流电源、直流电源、交流不间断电源（UPS）、逆变电源设备。通过 DL/T 860 与变电站站控层设备连接，实现对一体化电源系统的远程监控维护管理；对下通过总线或 DL/T 860 与各子电源监控单元通信，各子电源监控单元与成套装置中各监控模块通信。所有节点信号上送必须符合《新疆电网 750kV 变电站监控信息采集规范要求》（电调〔2016〕50 号）。总监控装置的监控功能、报警功能应满足《站用交直流一体化电源系统技术规范》（Q/GDW 576—2010）的规定												
8	电缆											
8.1	屏间电缆（不含馈电屏到分电屏电缆：km）		0.1	0.2	0.3	0.4	0.5	0.6	—	—		
选填规定	（1）本表由项目单位（或者委托的设计单位）根据项目货物实际，从“配置标准选项值”选择填写唯一标识（ABC……）或者阿拉伯数字；不需要的配置填写“0”；标识为“—”的字段无须填写具体信息。部分内容已强制选填，不得更改。 （2）“货物规格型号”是指整体（整套）货物的规格型号，与“项目单位”“项目名称”一起为直接填写项（非选填项），国家或者行业有统一规范规格型号命名的（如变压器），填写相应规范的“规格型号”；国家或者行业没有统一规范规格型号命名的（如变电站计算机监控系统），无须填写。 （3）不得删减或者增列本表及其主表（表 2 组件材料配置表）的任何条目（“元件名称”目录）。 （4）列入本工程项目下本采购货物的“专用工具”“仪器仪表”“备品备件”等可以随本货物一并采购，但须在 ERP 系统单列创建采购申请，并复用对应本采购货物的技术规范书 ID 号。 （5）电源充电模块每面屏安装不超过 8 个。 （6）电源馈线断路器每面屏安装配置参照如下规则。 1）微断（2P63A 以下）：每面屏建议配置不超过 48 回（共 4 排每排 12 个）。 2）微断（3P63A 以下）：每面屏建议配置不超过 36 回（共 4 排每排 9 个）。 3）微断（4P63A 以下）：每面屏建议配置不超过 28 回（共 4 排每排 7 个）。 4）100A 以内塑壳（3P）：每面屏建议配置不超过 24 回（共 4 排每排 6 个）。 5）100A 以内塑壳（4P）：每面屏建议配置不超过 20 回（共 4 排每排 5 个）。												

续表

<table>
<tr><td colspan="3">项目单位：见货物清单</td><td colspan="3">项目名称：见货物清单</td></tr>
<tr><td rowspan="4">序号</td><td colspan="3">货物规格型号</td><td colspan="2" rowspan="3">项目货物需求值</td></tr>
<tr><td rowspan="3">元件名称</td><td colspan="2">配置标准选项值</td></tr>
<tr><td rowspan="2">规格型式</td><td rowspan="2">数量</td></tr>
<tr><td>规格</td><td>数量</td></tr>
<tr><td>选填规定</td><td colspan="5">6）100A－225A 塑壳（3P/4P）：每面屏建议配置不超过 16 回（共 4 排每排 4 个）。
7）250A 以上塑壳（3P/4P）：每面屏建议配置不超过 12 回（共 4 排每排 3 个）。
8）站用交流不间断电源装置交流主输入、交流旁路输入及不间断电源输出均应有工频隔离变压器，直流输入应装设逆止二极管。
9）此版本为 2022 年 8 月修订</td></tr>
</table>

安装要求：

（1）二次配线号码管标注满足《继电保护及二次回路安装及验收规范》（GB/T 50976—2014）中 4.5.7 条“电缆芯线应标明回路编号、电缆编号和所在端子位置，内部配线应标明所在端子位置和对端端子位置”的要求。装置、元件需标识清楚，编号准确，图实相符。

（2）所有采集装置均需采用独立空开供电；各装置背部排插接线需安装插针式线鼻子，不得有直接裸线接入；所有装置接线需经端子排后接至其他对应位置；不得出现端子排压双芯线情况；直流母排引出的正负接线需过端子排，不能直接接至空开上端；电压电流回路、试验端子排禁止横置。

（3）交流低压柜馈线开关采用电子式开关。直流主屏馈线采用三段式保护。

（4）0.4kV 室内母线桥由厂家提供；交流分电柜需 ATS 切换。

（5）屏柜内照明灯具需设有防护罩；各端子排需采取透明绝缘防护隔板；各类小母排均应设置绝缘护套；端子排与其他装置保持距离；屏柜端子排距地面距离必须大于 350mm。

（6）蓄电池室内严格按照十八项反措进行设计施工，电缆敷设应满足最新电缆火灾综合治理要求。

七、变电站电气闭锁要求

在施工图设计阶段，设计单位提供全站电气闭锁设计方案，报建设管理单位、运维单位进行审核，现场按审核后的方案严格执行。

第四章

变电通信专业

保护接口设备、调度数据网等业务接入设备至配线设备之间为站内通信，包括调度交换机、IAD 行政交换机、综合数据网、综合布线、音频配线架、网络配线架等。

光配、数配至通信设备之间部分为光纤通信，包括光传输设备、光纤配线柜、数字配线柜、光放大系统设备等。

一、站内设备配置

（一）通信光传输设备配置

（1）750kV 以上站点需根据国调、西北网调相关要求确定站内一、二级骨干传输网 SDH 设备配置数量及光路带宽及冗余度配置，新疆境内所有新建 750kV 站均需考虑配置西北二级网Ⅰ、Ⅱ平面 10G/bits 光传输设备各一套，光路配置根据需求北疆、东疆片区以 10G1+1 配置为主、南疆片区以 2.5G 1+1 为主。光路配置根据西北二级网Ⅰ平面以 2.5G 1+1 为主、西北二级网Ⅱ平面以 10G 1+1 为主（光路配置根据实际情况及评审意见确定）。

（2）三级骨干传输网 SDH 设备按照Ⅰ、Ⅱ平面各一套 10G/bits 设备配置，750kV 末端站传输网光路采用不低于 2.5G 1+1 配置，主干核心区域传输网光路采用不低于 10G 1+1 配置（和田、喀什地区受当前网络结构影响，需配置Ⅱ平面设备 2 台）。四级骨干网设备原则上不配置，若有必要性，由相关地市单位报送配置需求（根据站点实际变化进行调整）。

（3）承载于 750kV 光缆上的 SDH 光路，系统光功率冗余度优先选择不小于 10dB，OTN 链路 10G 系统建议满足 40 波开通需求，100G 系统建议满足 20 波开通需求（此项预留余量应根据具体工程情况计算及评审意见实施）。

（4）光路子系统应选用具备双路供电功能的机框/板卡式设备，每个主要光方向独立设置设备子柜，设备需能正常接入现有光路子系统网管，且采用双路供电的光放设备，每个光路子系统设备柜中应配备有两个独立取电的 PDU，

PDU 的两路供电应分别来自不同的通信电源系统。

（5）需根据站点所在位置及通信网整体结构，按需配置专用的频率同步设备。

（二）通信电源及动环监控系统

1. 电源屏（整流屏、配电屏）设计要求

（1）750kV 变电站配置独立的 2 套通信电源，每套含 3 面屏柜：整流屏、交流配电屏、直流配电屏。

（2）通信电源屏柜尺寸统一要求为：800mm×600mm×2200mm（宽×深×高），颜色采用 GY09 国际冰灰橘纹，开门方向为面对机柜，门轴在右、前玻璃单开门、后网状双开门。

（3）交流配电屏内设置 ATS 切换装置，每面屏接入 2 路来自不同母线段的交流电，接入每套通信电源的两根动力缆全程（从交直流配电室–通信机房）独立敷设路由不交叉。动力缆线截面积至少为 $3\times25mm^2$（交流三相）$+1\times16mm^2$（零线）。所有通信直流负载进线电缆采用黑（+）蓝（–）线。

（4）通信电源容量根据站内传输设备配置及中期设备扩容需求核算确定，每套开关电源负载电流不小 400A，可直接扩容能力不小于 800A，扩容槽位需预留接入背板线路，并用假面板进行保护，每块整流模块（含后期扩容）需设置独立开关控制。

（5）通信电源屏内部结构在电源设备生产前必须与国网新疆信通公司相关专业进行需求沟通，设计图纸经审核确认后方可进行生产。

（6）母排裸露部分，用透明绝缘隔板隔绝。

2. 通信蓄电池设计要求

（1）设置独立的通信蓄电池室 2 间，单套电源系统的两组蓄电池间应设立防火、防爆隔离墙。

（2）通信蓄电池容量按照后备时长要求核算总容量，单套电源配置蓄电池

总容量需满足偏远地区不小于 8h 后备供电需求，且不小于通信专业抢修到达通勤耗时，按照 4 组 500～600Ah/组（每套电源设备配置 2 组）。

（3）每组蓄电池安装位应提前预先埋设 6×50mm 走线管道，每组蓄电池支架应配有一个接线端子排，端子排通过绝缘子固定于蓄电池支架上，通过端子连接蓄电池组与通信电源系统，端子排上预留多个接线孔，蓄电池架上安装监控线走线槽。

（4）蓄电池室内裸露的端子排和接线柱应配有透明绝缘外罩进行保护。蓄电池接线按照黑（+）蓝（–）颜色设计。

3. 动环监控设备及通信电源信息采集的要求

（1）机房内机房配置独立的动环监测设备，动环设备应能与动环网管进行互联，至少包含 RS-232 协议、RS-485 协议等常用协议，应至少具备 64 个遥测点、30 个遥信点，动环点位设置需提前与国网新疆信通公司相关专业进行需求沟通。

（2）动环采集线采用含保险的采集线，且保险用保护套进行保护。

（3）动力环境监控设备及通信协转设备应具备双路直流 –48V 供电能力。

（三）调度、行政交换及配线辅助系统

（1）调度交换设备配置 48 线调度交换设备。具有录音功能，需用 75 欧 2M 电缆与省调主、备调互联。

（2）行政交换设备应使用 IAD。

（3）光路子系统的柜内布置应满足每个光放大器的上、下间距不小于 1U[1]，交换机按照国家电网、西北网/省网设置，交换机需使用直流双路供电。

（4）所有通信直流负载架顶电源需配置独立 PDU 直流分配单元，PDU 采用 1 进 16 出，冗余配置、互为主备。PDU 采用专用直流空开，禁止采用交流

[1] U 是一种表示组合式机架外部尺寸单位，详细尺寸由作为业界团体的美国电子工业协会（EIA）。在机箱领域，1U 等于 4.445cm。

空开或交直流混用空开，并满足上下级差要求。

（5）调度录音及其他对供电可靠性要求较高的交流供电设备需使用双路交流 PDU 供电，交流电源需来自站内一体化 UPS 电源。

（四）综合数据网络

（1）路由器设备均应支持主流路由技术，包括但不限于 MPLS VPN、SRv6 及 SDN 等技术，具体板卡数量及接口类型根据实际承载业务及下挂节点数量进行配置，适当冗余。

（2）交换机应支持三层路由技术。

（3）750kV 变电站至少配置 2 台中端路由器、2 台低端Ⅰ类三层交换机。

（4）设备选型：交换机 4 个万兆光、48 个千兆电，路由器 8 个千兆光、8 个千兆电。

（5）综合数据网络设备使用交流 UPS 供电。

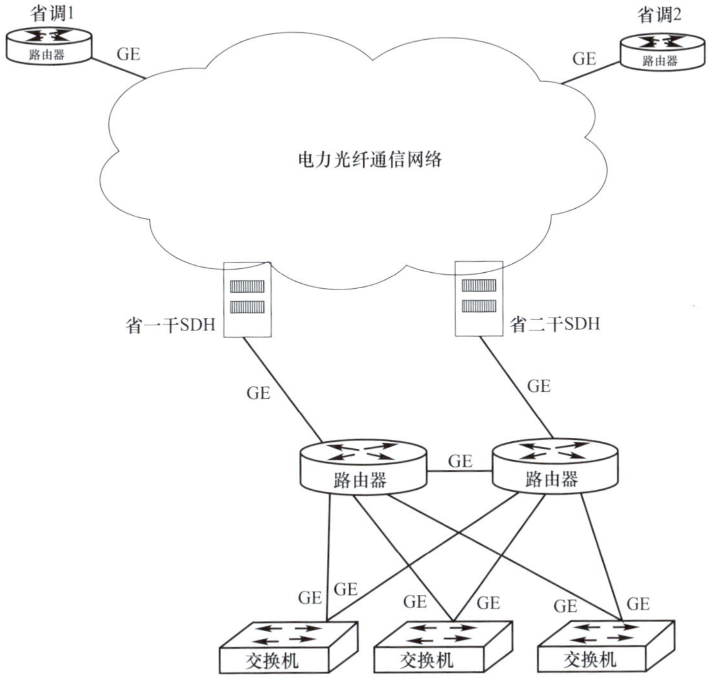

750kV 变电站综合数据网拓扑图

注：省调第二汇聚点正在建设中，工程建设时需确认最终接入点。

（五）基础环境

（1）750kV 变电站内通信机房，进入机房的光缆沟道不应少于 2 条，站内电缆沟建设应避免“死胡同”沟道，220kV 区域横纵向沟道各不应少于 2 条，750kV 区域横纵向沟道各不应少于 2 条，且两区域之间应有不少于 3 个独立的沟道连接，确保 220kV、750kV 同一站点接入的多回导引光缆能全程独立敷设不交叉。

（2）750kV 变电站机房通信专用屏柜数量不应少于 52 面（通信电源屏按 800mm 宽考虑的情况下）。建议列入土建主控室范围，保持一致。

（3）机房内应建立独立的蓄电池室并配备防火阻燃门，门朝外开，站内视频监控系统应覆盖通信机房。

（4）蓄电池配有专用的蓄电池架，机房内配有独立的环境监测装置，监测要求详见下表。

机房环境监测装置

序号	采集点名称	采集对象	布放位置	备注	
1	两路交流进线 A 相电压采集	高频开关电源屏交流进线 A 相电压	设置在交流接触器输入端	直采	双路
2	两路交流进线 B 相电压采集	高频开关电源屏交流进线 B 相电压	设置在交流接触器输入端	直采	双路
3	两路交流进线 C 相电压采集	高频开关电源屏交流进线 C 相电压	设置在交流接触器输入端	直采	双路
4	交流母线 A 相电压采集	交流母线 A 相电压	设置在交流接触器输出端/高频开关电源屏交流分配开关上	直采	
5	交流母线 B 相电压采集	交流母线 B 相电压	设置在交流接触器输出端/高频开关电源屏交流分配开关上	直采	
6	交流母线C相电压采集	交流母线 C 相电压	设置在交流接触器输出端/高频开关电源屏交流分配开关上	直采	
7	直流负载电压	直流配电屏母排电压	设置在直流配电屏母排或屏内端子上	直采	

续表

序号	采集点名称	采集对象	布放位置	备注	
8	直流负载电流	直流配电屏母线电流	设置在高频开关电源屏柜与直流配电屏之间的连接线	直采	
9	蓄电池组电压	蓄电池组电压	设置在蓄电池组正负极	直采	
10	蓄电池组电流	蓄电池组电流	设置在蓄电池组负极连接线	直采	
11	机房温、湿度	机房温、湿度	设置在设置在机房内适当位置，参考上文	直采	
12	机房烟感	机房内火情	设置在机房顶部天花板外侧及强、弱电井内	直采	
13	机房水浸	机房水渗漏情况	设置在机房沟道内，空调、水管线路附近	直采	
14	通信电源监控模块协议采集	通信电源监控模块信息		协采	232/485
15	蓄电池室温湿度	电池室内温湿度	设置在设置在机房内适当位置，参考上文	直采	1间1个
16	机房烟感	电池室内内火情	设置在机房顶部天花板外侧及强、弱电井内	直采	1间1个

（5）蓄电池室应使用防爆型通风电动机（应有与外部连通的通风通道）、照明灯具、空调，开关、熔断器应安装在蓄电池室外。蓄电池室内应使用防爆式插座。

（六）综合布线及配线

（1）所有SDH、OTN传输设备、光路子系统等光通信设备机柜底部均需配置1个对应尺寸的4U储纤单元。

（2）数字配线柜配线单元采用16系统/单元；音频配线柜保安单元按配线单元的数量百分百配置。所有配线设备、数据网设备、光路子系统机柜两侧均需配置竖向走线槽。

（3）72芯光缆使用72芯配线单元承载，36芯及以下通用48芯ODF单元承载，预留光配屏按 48 芯与 72 芯对半方式预留。光纤配线柜中配纤单元与储备纤单元按 1:1 相邻配置，宜使用两侧“滑梯型”绕线单元。

（4）通信屏柜线缆按照下走线方式，机房地面使用钢架架空地板，地板下深度不小于 1.2m，通信小室层高满足 4m 要求，便于后期通信公司槽盒摆放和上走线方式改造。

（5）主控楼内需考虑网络电视布点，上人屋面外墙需预留信息点。

（6）综合布线建议使用六类网线。

（七）其他要求

（1）柜内接地铜排应采用截面不小于 $35mm^2$ 的多股铜绞线与通信机房二次等电位电网进行可靠连接；机柜外壳与通信机房的设备钢支架进行可靠连接，机柜外壳不再单独接至一次地网。

（2）SDH 传输设备、调度交换机、综合数据网、OTN 设备等与柜内铜排连接的接地线采用 $16mm^2$ 截面，光路子系统、保护接口装置等与柜内铜排连接的接地线缆采用 $4mm^2$ 截面。

（3）所有机柜需在柜底设置横向接地铜排，铜排规格不低于 $4\times30mm^2$，光路子系统机柜需在柜内一侧设置竖向接地铜排，柜内接地铜排需与机柜外壳保持绝缘。

二、线路通信设备配置

（一）光缆配置

（1）750kV 单回线路架设 2 根 72 芯 OPGW 光缆，光缆线路超过 200km 以上的，采用超低损光缆，线路长度超过 300km 以上，采用大有效面积光缆。

（2）线路距离超过 300km 以上的线路，配置独立的光缆在线监测系统，具备远程监控功能。

（二）光缆引下及导引光缆

（1）750/220kV 光缆引下采用落地式余缆箱（新、改扩建均使用）。余缆箱箱体采用不锈钢材料焊接制作，前后双开门的开放式结构，整个箱体利用膨胀螺栓固定于平坦的水泥基座上。箱体顶部采用坡式结构，防积水性能良好。箱体尺寸为 2200mm × 1400mm × 1000mm（高 × 宽 × 厚），箱体前后门上应设置临时标识牌，柜内余缆架上应安装光缆临时标识牌（变电专业提供），标识内容为“ ×××kV×× 线光缆 ×× 芯”，移交生产后由生产单位挂正式牌。余缆箱体须用标准接地扁铜与变电站接地网相连，余缆构架与箱体间固定应用绝缘子隔离，余缆箱箱体内接地铜牌应与变电站接地网相连，用于光缆末端接地。余缆箱内 OPGW 光缆与导引光缆应分两侧分别盘绕固定。

（2）OPGW 光缆引下光缆需使用配置绝缘线夹的钢制抱箍进行固定，且在构架上配置专用的顶点、中点 OPGW 光缆接地端子，入地埋管应使用 80mm 镀锌钢管，镀锌钢管使用扁钢两点固定，引下封堵应使用专用封堵帽，余缆箱基础应与主沟道通过水泥沟道或 2 × 80mm 埋管连通。

落地式光缆交接箱安装图

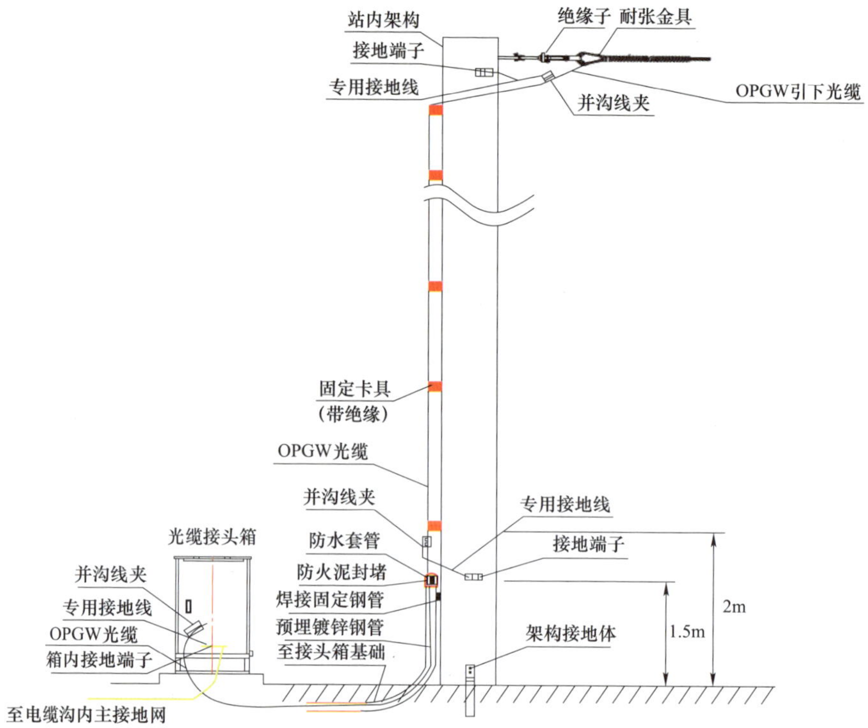

引下钢管两点固定方式	引下封堵应先在引下钢管中填充泡沫胶后再用封堵帽进行封堵

落地式光缆交接箱安装示意图

三点接地（A点）

三点接地（B点）

三点接地（C点）可与箱体内接地铜牌相连，但接地铜牌务必与站内接地网相连

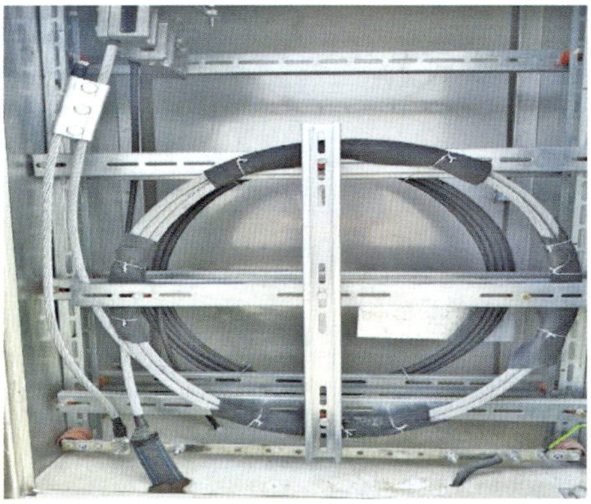

光缆引下应顺直美观，每隔1.5～2m安装一个固定卡具

（3）当线路光缆接入输变电在线监测尾缆时，在保证总体盘纤规则的前提下满足下列要求：

1）总体盘纤规则及要求不变，余缆及余缆架固定工艺按照《电力系统通信光缆安装工艺规范》（Q/GDW 10758—2018）执行。

2）选用双层盘纤盒式炮弹式接头盒，通信专用尾纤熔接及盘纤在下层盘纤盒，输变电在线监测尾缆接入熔接在上层盘纤盒，不得将输变电在线监测尾缆接续与通信专用尾纤盘纤同层盘放。

三、750kV变电站通道需求

按照变电站业务需求，需开通业务类型及通道带宽如下表所示。

开通业务类型及通道带宽明细

起点	终点	业务类型	通道带宽	通道路由组织
750kV 变电站	出线方向对侧变电站	复用保护业务	4 个 2M/每回出线	第一套保护装置 AB 口分别使用第一、二通道路由； 第二套保护装置 AB 口分别使用第一、三通道路由
750kV 变电站	具体通道需根据按安稳专题确定	稳控业务	暂按 4 个 2M/每方向	第一套安自装置使用第一、二通道路由（需配置 2M 通道切换装置）； 第二套安自装置使用第一、三通道路由（需配置 2M 通道切换装置）

续表

起点	终点	业务类型	通道带宽	通道路由组织
750kV 变电站	出线方向对侧变电站	行波测距	1 个 2M/每回出线	
750kV 变电站	省调及备调（或 750kV 汇聚站）	调度电话	2 个 2M/每方向	
750kV 变电站	省调及备调	行政电话		经由综合数据网
750kV 变电站	省调汇聚点 1、2	综合数据网	10M～100M/每方向	经 SDH 设备 GE 口上联
750kV 变电站	省调	动环监控	1 个 2M	
750kV 变电站	西北网调汇聚点 1、2 省调汇聚点 1、2	调度数据网	2 个 2M/每汇聚点（作为汇聚点的 750kV 变电站额外有接收上联的 $n\times155$M）	
750kV 变电站	西北网调	光放网管信息		经 SDH 设备 FE 口

四、750kV 变电站通道申请流程

（1）投运前两个月向所属通信调度机构提交设计文件包括以下内容：

1）收集本项目可研批复文件；

2）工程初步设计报告及初设批复；

3）工程施工图（通信部分 PDF 或 CAD 文档），包括通信屏位图、光纤电路系统设备配置图、光端机板位图 PCM 设备机架图、通信电源系统接线图、线路光缆施工说明书及材料清册等内容；

4）组织相关单位（设计单位、电网企业等）召开的业务通道组织审查会议纪要。

（2）根据工程整体进展情况，分别申请通道。

1）关于×××750kV 变电站临时通道的申请。由通信施工单位按照设计临时通道方案内容，编制临时通道申请，编制具体光缆接头位置，临时光缆路由方式及接入点，形成临时通道光缆路由，同时说明需开通所需业务，参照附录 1 的申请模板填写完成后，由业主项目部盖章向新疆调度控制中心、信通公司申请。申请完成后下发临时通道方式，施工完成后联系新疆调度控制中心、

信通公司调试开通业务，完成临时通道开工工作。临时接入方式下发后需向自动化处联系电厂接入调度数据网 IP 地址配置表，自动化处下发《发电厂接入调度数据网 IP 地址配置表》后由调度数据网厂家调试调度数据网、纵向加密，完成调度数据网调试工作。

2）关于×××750kV 变电站工程通信通道的申请。

在 750kV 线路投运前半个月，业主项目部需向由新疆信通公司申请 750kV 线路通道，开通行波测距业务通道，参照附录 2。

3）关于×××线路保护通道的申请。

在 750kV 线路投运前半个月，业主项目部按照附录 3 的申请模板向西北电缆调控中心保护处申请线路保护通道的申请，线路保护厂家提供设备参数，主要提供线路保护型号及主备保护情况，完成线路保护通道的申请工作。

4）西北电力调控分中心调度数据网网络设备/应用系统接入申请单。

竣工验收阶段按照附录 4 填写《西北电力调控分中心调度数据网网络设备/应用系统接入申请单》，由调度数据网厂家牵头填写，完成后由业主项目部向网调自动化处申请调度数据网接入申请单，网调下发《西北分部调度数据网接入网网络设备应用系统接入方式单》，下发后联系厂家开展网调装置的配置调试工作。

5）国网新疆电力有限公司西北分中心网络安全业务申请单。

按照附录 5 填写网络安全设备接入的申请，调度数据网牵头，其他接入厂家配合填写，填写完成后业主项目部向西北分中心申请，完成后由网安接入调试单位与省调、网调进行信息调试核对。

附录 1　关于××750kV 变电站新建工程临时通道的申请模板

国网新疆调度控制中心：

××750kV 变电站根据新疆公司里程碑计划及年度停电计划，于××月××日正式启动××750kV 输变电工程送电工作。根据现场实际进度，××年××月××日××变需与调度端建立通信通道并开展调试及预验收工作。由于750kV 部分光缆未建成，计划采用从××kV××线××号塔接头盒处抽出 2 芯光缆，后接续 1 根 12 芯 ADSS 光缆至××750kV 变电站××位置，沿围墙外侧直埋光缆至临时接入点，形成××750kV 变电站～××kV 变的光缆路由，并在省网一干建设××750kV 变电站～××变的××电路。××变侧省网一干设备所需××光板借用××侧设备中配置的 622M 光板目前现场已完成××750kV 变电站～××线××号塔接头盒处的光缆敷设，新敷设××芯××光缆，全长××公里。并已完成了省网一千中兴 S385、省网二于华为 3500 设备的安装，具备接入条件，现申请开通以下业务：

1. 省调～××变～750kV××变电站的 622M（1+0）光路；
2. 省调～××变～750kV××变电站调度数据网 2×2M；
3. 省调～××变～750kV××变电站 IAD 网口 1；
4. 省调～××变～750kV××变电站综合数据网网口 1。

联系人：××电话：××

××新建工程
业主项目部
××年××月××日

附录 2　关于××750kV 变电站新建工程通信通道的申请模板

国网新疆电力有限公司通信处、信通公司：

××750kV 变电站新建工程计划××年××月××日开通正式通道，××年××月××日启动投运。根据现场情况，现申请以下通道业务，具体需求如下：

1. 申请通道：申请 750kV××变行波测距通道；

2. 申请业务：申请 750kV××变至 750kV××变行波测距 2M 通道 1 个。申请 750kV××变至 750kV××变行波测距 2M 通道 1 个。

以上申请，请予以批复

联系人：××电话：××

××新建工程

业主项目部

××年××月××日

附录 3　关于开通 750kV××～××线线路保护通道的申请模板

国网西北电力调度控制分中心保护处：

该工程计划××投运，现申请于××年××月××日前开通 750kV××～××线两侧厂站通道业务，具体如下：

750kV××变电站

（1）××～××线××（保护厂家）××（型号）线路保护 A 通道 A（新开通）；

（2）××～××线××（保护厂家）××（型号）线路保护 A 通道 B（新开通）；

（3）…

××新建工程

业主项目部

××年××月××日

附录 4 《西北电力调控分中心调度数据网网络设备/应用系统接入申请单》模板

申请单编号：

<table>
<tr><td>申请单位</td><td colspan="2">国网新疆电力有限公司</td><td>接入厂站名称</td><td>750kV××变电站</td></tr>
<tr><td>联系人</td><td colspan="2">××</td><td>联系电话</td><td>××</td></tr>
<tr><td>申请日期</td><td colspan="4">××年××月××日</td></tr>
<tr><td rowspan="7">网络设备接入</td><td rowspan="3">路由器型号及软件版本</td><td rowspan="3"></td><td>板卡接口数量及编号（E1 口）</td><td></td></tr>
<tr><td>板卡接口数量及编号（以太网口）</td><td></td></tr>
<tr><td>板卡接口数量及编号（其他）</td><td></td></tr>
<tr><td>Ⅰ区交换机型号及软件版本</td><td></td><td>端口数量</td><td></td></tr>
<tr><td>Ⅱ区交换机型号及软件版本</td><td></td><td>端口数量</td><td></td></tr>
<tr><td>链路 1</td><td colspan="3"></td></tr>
<tr><td>链路 2</td><td colspan="3"></td></tr>
<tr><td rowspan="10">应用系统接入</td><td>应用系统名称</td><td>端口数量</td><td colspan="2">备注说明</td></tr>
<tr><td>远动系统</td><td></td><td colspan="2"></td></tr>
<tr><td>电费计量</td><td></td><td colspan="2"></td></tr>
<tr><td>保护信息子站</td><td></td><td colspan="2"></td></tr>
<tr><td>故障录波</td><td></td><td colspan="2"></td></tr>
<tr><td>PMU 系统</td><td></td><td colspan="2"></td></tr>
<tr><td>安稳信息</td><td></td><td colspan="2"></td></tr>
<tr><td>一区网络安全监测</td><td></td><td colspan="2"></td></tr>
<tr><td>二区网络安全监测</td><td></td><td colspan="2"></td></tr>
<tr><td></td><td></td><td colspan="2"></td></tr>
<tr><td>备注</td><td colspan="4"></td></tr>
<tr><td rowspan="2">申请单位意见</td><td colspan="4"></td></tr>
<tr><td>批准人</td><td></td><td>时间</td><td></td></tr>
</table>

附录5 《西北分中心网络安全业务申请单》模板

<table>
<tr><td rowspan="16">申请单位</td><td>申请单位（部门）</td><td>××750kV变电站</td><td>申请人</td><td>××</td><td>联系电话</td><td colspan="2">××</td></tr>
<tr><td>申请原因</td><td colspan="6">新设备接入</td></tr>
<tr><td rowspan="13">申请明细条目较多时请填写附件</td><td colspan="6">访问控制业务</td></tr>
<tr><td>纵向加密</td><td colspan="5">□Ⅰ区　□Ⅱ区</td></tr>
<tr><td>防火墙</td><td colspan="5">□Ⅰ－Ⅱ区　□Ⅲ－Ⅳ区　□Ⅲ区纵向</td></tr>
<tr><td>横向隔离</td><td colspan="5">□Ⅰ－Ⅲ区正向　□Ⅰ－Ⅲ区反向　□Ⅱ－Ⅲ区正向
□Ⅱ－Ⅲ区反向</td></tr>
<tr><td>源IP</td><td>源描述</td><td>目的IP及端口</td><td>目的描述</td><td>协议</td><td>开放时限</td></tr>
<tr><td></td><td></td><td></td><td></td><td></td><td></td></tr>
<tr><td></td><td></td><td></td><td></td><td></td><td></td></tr>
<tr><td colspan="6">数字证书业务　☑纵向装置证书　□调控员证书　□计划专责证书</td></tr>
<tr><td>申请人（单位）</td><td>安全区</td><td>证书标识</td><td>签名算法</td><td colspan="2">证书类型</td></tr>
<tr><td></td><td></td><td></td><td></td><td colspan="2"></td></tr>
<tr><td></td><td></td><td></td><td></td><td colspan="2"></td></tr>
<tr><td colspan="6">其他安全业务</td></tr>
<tr><td colspan="6"></td></tr>
<tr><td>申请单位意见</td><td colspan="6">负责人（签字）：　日期：
单位（部门）公章</td></tr>
<tr><td rowspan="2">调度机构</td><td>业务管理意见</td><td colspan="2">负责人（签字）：</td><td>自动化意见</td><td colspan="3">负责人（签字）：</td></tr>
<tr><td>网络安全意见</td><td colspan="2">负责人（签字）：</td><td>操作结果</td><td colspan="3">□完成　□未完成
工程师（签字）：
操作时间：</td></tr>
</table>

附录 6 《访问控制业务明细表》模板

序号	源 IP	源描述	目的 IP 及端口	目的描述	通信协议	开放时限
1						
2						
3						
4						
5						
6						
7						
8						
9						
10						
11						
12						
13						
14						

附录 7 《调度数字证书申请明细表》模板

序号	申请者（单位）	安全区	证书标识	签名算法	证书类型
1					
2					
3					
4					

负责人（签字）：　　　　　日期：

单位（部门）公章